KB047868

피어슨이 만든 표 만들기

09 피어슨이 만든 표 만들기

ⓒ 홍선호, 2008

초판 1쇄 발행일 | 2008년 1월 25일
초판 7쇄 발행일 | 2020년 5월 4일

지은이 | 홍선호
펴낸이 | 정은영
펴낸곳 | (주)자음과모음

출판등록 | 2001년 11월 28일 제2001-000259호
주소 | 04047 서울시 마포구 양화로6길 49
전화 | 편집부 (02)324-2347, 경영지원부 (02)325-6047
팩스 | 편집부 (02)324-2348, 경영지원부 (02)2648-1311
e-mail | jamoteen@jamobook.com

ISBN 978-89-544-1659-7 (04410)

천재들이 만든
수학퍼즐
9
피어슨이 만든 표 만들기

홍선호(M&G 영재수학연구소 소장) 지음

|주|자음과모음

추 천 사

수학에 대한 막연한 공포를 단번에
날려 버리는 획기적 수학 퍼즐 책!

추천사를 부탁받고 처음 원고를 펼쳤을 때, 저도 모르게 탄성을 질렀습니다. 언젠가 제가 한번 써 보고 싶던 내용이었기 때문입니다. 예전에 저에게도 출판사에서 비슷한 성격의 책을 써 볼 것을 권유한 적이 있었는데, 재미있겠다 싶었지만 시간이 없어서 거절해야만 했습니다.

생각해 보면 시간도 시간이지만 이렇게 많은 분량을 쓰는 것부터가 벅찬 일이었던 것 같습니다. 저는 한 권 정도의 분량이면 이와 같은 내용을 다룰 수 있을 거라 생각했는데, 이번 책의 원고를 읽어 보고 참 순진한 생각이었음을 알았습니다.

저는 지금까지 수학을 공부해 왔고, 또 앞으로도 계속 수학을 공부할 사람으로서, 수학이 대단히 재미있고 매력적인 학문이라 생각합니다만, 대부분의 사람들은 수학을 두려워하며 두 번 다시 보고 싶지 않은 과목으로 생각합니다. 수학이 분명 공부하기에 쉬운 과목은 아니지만, 다른 과목에 비해 '끔찍한 과목'으로 취급받는 이유가 뭘까요? 제

생각으로는 '막연한 공포' 때문이 아닐까 싶습니다.

무슨 뜻인지 알 수 없는 이상한 기호들, 한 줄 한 줄 따라가기에도 벅찰 만큼 어지럽게 쏟아져 나오는 수식들, 그리고 다른 생각을 허용하지 않는 꽉 짜여진 '모범 답안' 이 수학을 공부하는 학생들을 옥죄는 요인일 것입니다.

알고 보면 수학의 각종 기호는 편의를 위한 것인데, 그 뜻을 모른 채 무작정 외우려다 보니 더욱 악순환에 빠지는 것 같습니다. 첫 단추만 잘 끼우면 수학은 결코 공포의 대상이 되지 않을 텐데 말입니다.

제 자신이 수학을 공부하고, 또 가르쳐 본 사람으로서, 이런 공포감을 줄이는 방법이 무엇일까 생각해 보곤 했습니다. 그 가운데 하나가 '친숙한 상황에서 제시되는, 호기심을 끄는 문제' 가 아닐까 싶습니다. 바로 '수학 퍼즐' 이라 불리는 분야입니다.

요즘은 수학 퍼즐과 관련된 책이 대단히 많이 나와 있지만, 제가 《재미있는 영재들의 수학퍼즐》을 쓸 때만 해도, 시중에 일반적인 '퍼즐 책' 은 많아도 '수학 퍼즐 책' 은 그리 많지 않았습니다. 또 '수학 퍼즐' 과 '난센스 퍼즐' 이 구별되지 않은 채 마구잡이로 뒤섞인 책들도 많았습니다.

그래서 제가 책을 쓸 때 목표로 했던 것은 비교적 수준 높은 퍼즐들을 많이 소개하고 정확한 풀이를 제시하자는 것이었습니다. 목표가 다소 높았다는 생각도 듭니다만, 생각보다 많은 분들이 찾아 주어 보통 사람들이 '수학 퍼즐'을 어떻게 생각하는지 알 수 있는 좋은 기회가 되기도 했습니다.

문제와 풀이 위주의 수학 퍼즐 책이 큰 거부감 없이 '수학을 즐기는 방법'을 보여 주었다면, 그 다음 단계는 수학 퍼즐을 이용하여 '수학을 공부하는 방법'이 아닐까 싶습니다. 제가 써 보고 싶었던, 그리고 출판사에서 저에게 권유했던 것이 바로 이것이었습니다.

수학에 대한 두려움을 없애 주면서 수학의 기초 개념들을 퍼즐을 이용해 이해할 수 있다면, 이것이야말로 수학 공부의 첫 단추를 제대로 잘 끼웠다고 할 수 있지 않을까요? 게다가 수학 퍼즐을 풀면서 느끼는 흥미는, 이해도 못한 채 잘 짜인 모범 답안을 달달 외우는 것과는 전혀 다른 즐거움을 줍니다. 이런 식으로 수학에 대한 두려움을 없앤다면 당연히 더 높은 수준의 수학을 공부할 때도 큰 도움이 될 것입니다.

그러나 이런 이해가 단편적인 데에서 그친다면 그 한계 또한 명확해질 것입니다. 다행히 이 책은 단순한 개념 이해에 그치지 않고 교과 과정과 연계하여 학습할 수 있도록 구성되어 있습니다. 이 과정에서 퍼즐을 통해 배운 개념을 더 발전적으로 이해하고 적용할 수 있어 첫 단추만이 아니라 두 번째, 세 번째 단추까지 제대로 끼울 수 있도록 편집되었습니다. 이것이 바로 이 책이 지닌 큰 장점이자 세심한 배려입니다. 그러다 보니 수학 퍼즐이 아니라 약간은 무미건조한 '진짜 수학 문제'도 없지는 않습니다. 그러나 수학을 공부하기 위해 반드시 거쳐야

하는 단계라고 생각하세요. 재미있는 퍼즐을 위한 중간 단계 정도로 생각하는 것도 괜찮을 것 같습니다.

수학을 두려워하지 말고, 이 책을 보면서 '교과서의 수학은 약간 재미없게 만든 수학 퍼즐'일 뿐이라고 생각하세요. 하나의 문제를 풀기 위해 요모조모 생각해 보고, 번뜩 떠오르는 아이디어에 스스로 감탄도 해 보고, 정답을 맞히는 쾌감도 느끼다 보면 언젠가 무미건조하고 엄격해 보이는 수학 속에 숨어 있는 아름다움을 음미하게 될 것입니다.

고등과학원 연구원

박 부 성

추 천 사

영재교육원에서 실제 수업을 받는 듯한
놀이식 퍼즐 학습 교과서!

《천재들이 만든 수학퍼즐》은 '우리 아이도 영재 교육을 받을 수
없을까?' 하고 고민하는 학부모들의 답답한 마음을 시원하게 풀어 줄
수학 시리즈물입니다.

이제 강남뿐 아니라 우리 주변 어디에서든 대한민국 어머니들의 불
타는 교육열을 강하게 느낄 수 있습니다. TV 드라마에서 강남의 교육
을 소재로 한 드라마가 등장할 정도니 말입니다.

그러나 이러한 불타는 교육열을 충족시키는 것은 그리 쉬운 일이
아닙니다. 서점에 나가 보면 유사한 스타일의 문제를 담고 있는 도서
와 문제집이 다양하게 출간되어 있지만 전문가들조차 어느 책이 우리
아이에게 도움이 될 만한 좋은 책인지 구별하기가 쉽지 않습니다. 이
렇게 천편일률적인 책을 읽고 공부한 아이들은 결국 판에 박힌 듯 똑
같은 것만을 익히게 됩니다.

많은 학부모들이 '최근 영재 교육 열풍이라는데……' '우리 아이도
영재 교육을 받을 수 없을까?' '혹시…… 우리 아이가 영재는 아닐

까?' 라고 생각하면서도, '우리 아이도 가정 형편만 좋았더라면……'
'우리 아이도 영재교육원에 들어갈 수만 있다면……' 이라고 아쉬움
을 토로하는 것이 현실입니다.

　현재 우리나라 실정에서 영재 교육은 극소수의 학생만이 받을 수
있는 특권적인 교육 과정이 되어 버렸습니다. 그래서 더더욱 영재 교
육에 대한 열망은 높아집니다. 특권적 교육 과정이라고 표현했지만,
이는 부정적 표현이 아닙니다. 대단히 중요하고 훌륭한 교육 과정이
지만, 많은 학생들에게 그 기회가 돌아가기 힘들다는 단점을 지적했
을 뿐입니다.

　이번에 이러한 학부모들의 열망을 실현시켜 줄 수학책《천재들이
만든 수학퍼즐》시리즈가 출간되어 장안의 화제가 되고 있습니다.《천
재들이 만든 수학퍼즐》은 영재 교육의 커리큘럼에서 다루는 주제를
가지고 수학의 원리와 개념을 친절하게 설명하고 있어 책을 읽는 동
안 마치 영재교육원에서 실제로 수업을 받는 느낌을 가지게 될 것입
니다.

　단순한 문제 풀이가 아니라 하나의 개념을 여러 관점에서 풀 수 있
는 사고력의 확장을 유도해서 다양한 사고방식과 창의력을 키워 주는
것이 이 시리즈의 장점입니다.

　여기서 끝나지 않습니다.《천재들이 만든 수학퍼즐》은 제목에서 나
타나듯 천재들이 만든 완성도 높은 문제 108개를 함께 다루고 있습니

다. 이 문제는 초급·중급·고급 각각 36문항씩 구성되어 있는데, 하나같이 본편에서 익힌 수학적인 개념을 자기 것으로 충분히 소화할 수 있도록 엄선한 수준 높고 다양한 문제들입니다.

수학이라는 학문은 아무리 이해하기 쉽게 설명해도 스스로 풀어 보지 않으면 자기 것으로 만들 수 없습니다. 상당수 학생들이 문제를 풀어 보는 단계에서 지루함을 못 이겨 수학을 쉽게 포기해 버리곤 합니다. 하지만 《천재들이 만든 수학퍼즐》은 기존 문제집과 달리 딱딱한 내용을 단순 반복하는 방식을 탈피하고, 빨리 다음 문제를 풀어 보고 싶게끔 흥미를 유발하여, 스스로 문제를 풀고 싶은 생각이 저절로 들게 합니다.

문제집이 퍼즐과 같은 형식으로 재미만 추구하다 보면 핵심 내용을 빠뜨리기 쉬운데 《천재들이 만든 수학퍼즐》은 흥미를 이끌면서도 가장 중요한 원리와 개념을 빠뜨리지 않고 전달하고 있습니다. 이것이 다른 수학 도서에서는 볼 수 없는 이 시리즈만의 미덕입니다.

초등학교 5학년에서 중학교 1학년까지의 학생이 머리는 좋은데 질 좋은 사교육을 받을 기회가 없어 재능을 계발하지 못한다고 생각한다면 바로 지금 이 책을 읽어 볼 것을 권합니다.

메가스터디 엠베스트 학습전략팀장

최 남 숙

머 리 말

핵심 주제를 완벽히 이해시키는
주제 학습형 교재!

영재 수학 교육을 받기 위해 선발된 학생들을 만나는 자리에서, 또는 영재 수학을 가르치는 선생님들과 공부하는 자리에서 제가 생각하고 있는 수학의 개념과 원리 그리고 수학 속에 담긴 철학에 대한 흥미로운 이야기를 소개하곤 합니다. 그럴 때면 대부분의 사람들은 반짝이는 눈빛으로 저에게 묻곤 합니다.

"아니, 우리가 단순히 암기해서 기계적으로 계산했던 수학 공식들 속에 그런 의미가 있었단 말이에요?"

위와 같은 질문은 그동안 수학 공부를 무의미하게 했거나, 수학 문제를 푸는 기술만을 습득하기 위해 기능공처럼 반복 훈련에만 매달렸다는 것을 의미합니다.

이 같은 반복 훈련으로 인해 초등학교 저학년 때까지는 수학을 좋아하다가도 학년이 올라갈수록 수학에 싫증을 느끼게 되는 경우가 많습니다. 심지어 많은 수의 학생들이 수학을 포기한다는 어느 고등

학교 수학 선생님의 말씀은 이런 현상을 반영하는 듯하여 씁쓸한 기분마저 들게 합니다. 더군다나 학창 시절에 수학 공부를 잘해서 높은 점수를 받았던 사람들도 사회에 나와서는 그렇게 어려운 수학을 왜 배웠는지 모르겠다고 말하는 것을 들을 때면 씁쓸했던 기분은 좌절감으로 변해 버리곤 합니다.

수학의 역사를 살펴보면, 수학은 인간의 생활에서 절실히 필요했기 때문에 탄생했고, 이것이 발전하여 우리의 생활과 문화가 더욱 윤택해진 것을 알 수 있습니다. 그런데 왜 현재의 수학은 실생활과는 별로 상관없는 학문으로 변질되었을까요?

교과서에서 배우는 수학은 $\frac{1}{2} \div \frac{2}{3} = \frac{1}{2} \times \frac{3}{2} = \frac{3}{4}$ 의 수학 문제처럼 '정답은 얼마입니까?'에 초점을 맞추고 답이 맞았는지 틀렸는지에만 관심을 둡니다.

그러나 우리가 초점을 맞추어야 할 부분은 분수의 나눗셈에서 나누는 수를 왜 역수로 곱하는지에 대한 것들입니다. 학생들은 선생님들이 가르쳐 주는 과정을 단순히 받아들이기보다는 끊임없이 궁금증을 가져야 하고 선생님은 학생들의 질문에 그들이 충분히 이해할 수 있도록 설명해야 할 의무가 있습니다. 그러기 위해서는 수학의 유형별 풀이 방법보다는 원리와 개념에 더 많은 주의를 기울여야 하고 또한 이를 바탕으로 문제 해결력을 기르기 위해 노력해야 할 것입니다.

앞으로 전개될 영재 수학의 내용은 수학의 한 주제에 대한 주제 학습이 주류를 이룰 것이며, 이것이 올바른 방향이라고 생각합니다. 따라서 이 책도 하나의 학습 주제를 완벽하게 이해할 수 있도록 주제 학습형 교재로 설계하였습니다.

끝으로 이 책을 출간할 수 있도록 배려하고 격려해 주신 (주)자음과모음의 강병철 사장님께 감사드리고, 기획실과 편집부 여러분들께도 감사드립니다.

2008년 1월 M&G 영재수학연구소

홍 선 호

차 례

A 주제 설정의 취지 및 장점

표 만들기 전략은 어떤 문제가 한 가지 이상의 특성을 가진 자료를 포함하고 있을 때 주어진 정보들을 하나의 표에 일목요연하게 나타내고, 표에 나타난 자료 사이들의 관계에서 규칙성을 찾아 이를 근거로 문제를 해결하는 방법입니다. 문제를 표로 만들어서 해결하면 빠진 자료를 쉽게 찾아낼 수 있습니다. 뿐만 아니라 주어진 자료들을 주어진 기준에 맞게 차례대로 써 넣고, 표에 나타난 자료의 검토를 통해서 답을 직접 구하거나 예상하여 확인하는 전략이나 규칙성 찾기 전략 등 다른 전략을 이용한 때에도 유용합니다. 특히 특정한 규칙성을 발견하는데 매우 유용합니다.

표 만들기를 사용하여 문제를 해결하기 쉬운 경우는

1. 주어진 자료끼리 일정하게 대응할 경우

2. 문제가 일반화 가능한 패턴을 제공할 경우

3. 문제의 자료들이 %, 비율, 거리, 넓이, 부피 등과 관련된 속성을 가진 경우

4. 확률이나 통계와 같은 주제를 포함하는 경우

이 책은 일정한 규칙에 따라 변화하는 양을 찾거나 그 변화하는 두 양을 서로 대응시킬 때, 혹은 자료의 경향 등에 관련된 '분포'를 분석할 경우에도 응용될 수 있습니다. 그리고 자료들의 변화 경향이나 정도의 차이 및 대소의 구분 등의 '변화'에 착안하여 문제 해결의 실마리를 찾을 수 있도록 설계하였습니다.

B 교과 과정과의 연계

구분	과목명	학년	연계되는 수학적 개념과 원리
초등학교	수학	2-나	• 문제를 표로 만들기 • 다양한 문제를 적절한 방법으로 해결하기 • 문제 해결의 여러 가지 방법을 비교하여 적절한 방법을 선택하기
		3-나	
		5-가	
		5-나	
		6-가	
		6-나	

C 이 책에서 배울 수 있는 수학적 원리와 개념

1. 2개 이상의 내용에 관한 정보를 하나의 표에 일목요연하게 나타낼 수 있습니다.

2. 주어진 자료 사이의 관계에서 규칙성을 찾아 이를 근거로 문제를 해결할 전략을 세울 수 있습니다.

3. 표를 만들면서 빠진 자료를 쉽게 찾아, 이 자료를 차례대로 써 넣어 문제를 해결할 수 있는 전략을 세울 수 있습니다.

4. 어떠한 것의 양에 관해 '아무 것도 모르는 것' 과 '아무 것도 없는 것' 과의 차이를 확인할 수 있습니다.

5. 진리표라고 하는 또 다른 종류의 표를 만들어 문제를 해결하는 방법을 배울 것입니다.

6. '대상들의 수' 가 아니라 '대상들 사이의 관계' 를 나타내는 논리적인 차원만을 다루는 방법을 배울 수 있습니다.

D 각 교시별로 소개되는 수학적 내용

1교시 _ 왜 표를 이용해서 문제를 해결할까요?

어떤 자료들 안에 여러 가지의 자료들이 포함된 문제는 그 내용을 한 번에 이해하고 특징을 파악하기가 어렵습니다. 이런 문제를 표를 이용하여 하나하나 논리적으로 해결하고 정리함으로써 문제에 나타난 복잡한 상황을 명확하게 처리하는 방법을 알려 줍니다.

2교시 _ 수로 나타내는 표 만들기

일정한 액수의 돈을 몇 가지 종류의 동전으로 바꿀 때 표를 이용하여 해결하는 전략입니다. 동전의 종류가 점점 많아지고 여러 조건이 추가될 경우 점점 더 문제를 풀기가 어려워 보입니다. 이러한 경우에 적절한 표를 만들어 해결하는 전략을 소개합니다.

3교시 _ 통계로 사용하기 위한 표 만들기

무질서하고 복잡하게 나열되어 있는 여러 가지 자료들을 그 특성에 맞게 기준을 정하여 분류하고, 그 자료들을 수치화하여 표로 만들어서 통계 수치로 쉽게 이해할 수 있는 방법을 알려 줍니다.

4교시_ 무사히 강 건너기

아버지와 두 아들이 배를 타고 강을 건너야 하는데 아버지와 아들이 배에 동시에 탈 수 없다는 문제가 있습니다. 이럴 경우 표를 이용하여 특정한 조건에 맞게 최소한의 횟수로 강을 무사히 건너는 전략을 알려 줍니다.

5교시_ 0이 들어 있는 표 만들기

'아무 것도 없음'을 나타낼 때 0으로 표시하여 다른 문제를 해결하는 데 응용하는 경우입니다. 0이 들어 있는 표 만들기로 문제를 쉽게 해결하는 전략을 소개합니다.

6교시_ 규칙성을 찾기 위해 표 만들기

순서에 따라 경우의 수가 많아질 때 복잡한 조건들이 포함된 문제를 단순한 문제로 바꾸어 봅니다. 경우의 수를 표로 만들어 이 과정에서 나타나는 규칙을 이용하여 어렵고 복잡한 문제를 해결하는 전략을 소개합니다.

7교시_ 방정식을 표 만들기로 해결하기

미지수 X를 설정하여 방정식이나 연립방정식으로 해결해야 하는 문제를 풀어야 할 경우, 아직 방정식을 배우지 않은 초등학생들이 표 만들기를 통해 해결하는 전략을 소개합니다.

8교시 _ 차원이 2개인 진리표 만들기

참과 거짓을 따지는 논리적인 문제이거나 진리표를 만들어 문제를 해결해야 하는 경우 즉, 차원이 2개인 문제를 표를 이용하여 주어진 조건 이외의 조건을 자연스럽게 찾아가며 문제를 해결해 가는 전략을 알려 줍니다.

9교시 _ 차원이 3개인 진리표 만들기

분류 기준이 3개인 문제를 푸는 방법을 제시합니다. 즉 각각의 이름과 성 그리고 각각의 등수를 알아맞히는 문제를 'ㄱ자 모양'의 매트릭스 표를 이용하여 주어지지 않은 조건까지 찾아가며 문제를 해결하는 과정을 알게 됩니다.

10교시 _ 거짓말 논리를 표를 만들어 해결하기

진리표란 '대상 사이의 수'를 나타내는 것이 아니라 '대상 사이의 관계'를 나타내는 표를 말합니다. 이처럼 참과 거짓만을 논리적인 차원에서 잘 다루기만 해도 어려운 문제를 쉽게 해결할 수 있는 방법을 설명합니다.

11교시_ 거꾸로 표 만들기

결과가 이미 주어져 있고 처음의 상황을 묻는 문제에서 주어진 결과를 토대로 거꾸로 표를 만들어 가면서 문제를 푸는 전략을 알려 줍니다.

E 이 책의 활용 방법

E-1. 〈피어슨이 만든 표 만들기〉의 활용

1. 복잡하게 나열된 자료들을 정리하여 표로 만들고, 통계 처리하는 능력을 길러 봅니다.
2. 주어진 조건을 충실히 따르면서 차례로 표를 만드는 과정을 통해 논리적 사고력을 기르는 데 도움이 됩니다.
3. 표를 만들 때 행과 열의 칸 수를 확인하는 능력을 길러 봅니다.
4. 규칙을 찾을 때 표를 만들어서 예상한 결과를 확인하고 확실한 결과와의 관계를 찾아보는 것이 좋습니다.
5. 조건이 2개, 3개인 문제에서 표를 만드는 방법을 이해하고, 나아가 표를 완성해 봅니다.

E-2. 《피어슨이 만든 표 만들기-익히기》의 활용

1. 난이도에 따라 초급, 중급, 고급으로 나누었습니다. 따라서 '초급 → 중급 → 고급' 순으로 문제를 해결하는 것이 좋습니다.

2. 교시별로, 예를 들어 2교시 문제의 '초급 → 중급 → 고급' 문제 순으로 해결해도 좋습니다.

3. 문제를 해결하다 어려움에 부딪히면, 문제 상단부에 표시된 교시의 '학습 목표'로 돌아가 기본 개념을 충분히 이해한 후 다시 해결하는 것이 바람직합니다.

4. 문제가 쉽게 해결되지 않는다고 해서 바로 해답을 확인하는 것은 사고력을 키우는 데 도움이 되지 않습니다.

5. 친구들이나 선생님, 그리고 부모님과 문제에 대해 토론해 보는 것은 아주 좋은 방법입니다.

6. 한 가지 방법으로만 문제를 해결하기보다는 다양한 방법으로 여러 번 풀어 보는 것이 좋습니다.

표를 이용하면
문제를 논리적으로 해결해 나갈 수 있고
문제에 나타난 복잡한 상황을
명확하게 처리할 수 있습니다.

왜 표를 이용해서 문제를 해결할까요?

1교시 학습 목표

1. 왜 표를 이용하여 문제를 해결하는지 알 수 있습니다.
2. 여러 가지 차원을 비교해야 하는 문제를 표를 이용하여 해결할 수 있습니다.

미리 알면 좋아요

1. **표** 전체를 일정한 형식과 순서에 따라 한 눈에 알아보기 쉽게 나타낸 것을 말합니다.

   다음은 두 학급의 평균 성적을 표로 나타낸 것성적표입니다.

	국어	수학	과학	사회	총점	평균
A학급	70	80	60	50	260	65
B학급	65	75	65	55	260	65

2. **차원** 차원이란 기하학적 도형, 공간 등에서 한 점의 위치를 표시할 때 필요한 실수의 최소 개수를 말합니다. 점은 0차원, 직선은 1차원으로, 공간은 3차원으로 표현합니다.

여러분은 다음과 같은 문제를 풀어 본 적이 있습니까? 만약 처음으로 이러한 문제를 접했다면 정답이 무엇이라고 생각하나요?

문제

[1] 다음의 두 도형 중 어느 것이 더 클까요?

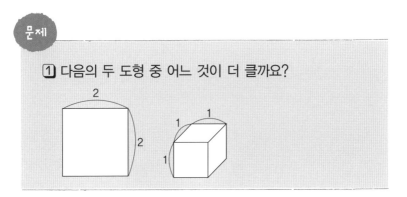

앞의 문제에서 여러분은 어느 도형이 더 크다고 생각하셨습니까?

①번이 더 클까요? 아니면 ②번이 더 클까요?

쉽게 대답하지 못하겠다구요?

그렇다면 다음의 문제를 풀어 보세요.

문제

② 우리 아빠의 마음씨와 엄마의 피부 중 어느 쪽이 더 고울까?

① 아빠의 마음씨   ② 엄마의 피부

가만히 생각하면 할수록 대답하기가 힘들 것입니다. 서로 비교가 불가능하기 때문이지요. 이 문제 속에는 차원에 관한 의미가 숨어 있습니다.

위의 문제 ①에서 평면도형의 넓이와 입체도형의 부피를 비교할 수 있나요?

비교할 수 없습니다. 왜냐하면 평면도형은 2차원의 도형으로 넓이를 나타내고 있으나 입체도형인 정육면체는 3차원의 도형으로 부피를 표현했기 때문입니다.

즉 넓이와 부피는 그 **차원**기준이 다르기 때문에 비교가 불가능한 것입니다. 마찬가지로 아빠의 마음씨와 엄마의 피부는 서로 차원이 달라서 비교할 수 없습니다.

그러면 다음의 문제를 해결해 봅시다.

③ 다음에 나오는 네 명의 어린이들의 빠르기 순서를 정하시오.

(1) 기환이와 성민이는 경진이보다 빠릅니다.

(2) 기환이는 기성이보다 느립니다.

(3) 기환이는 성민이보다 빠릅니다.

이 문제는 무엇을 비교하고 있습니까?

네 명의 어린이의 빠르기입니다.

또 다른 차원의 비교가 있습니까? 빠르기는 서로 비교가 가능합니까?

빠르기만이 나타나 있으며, 빠르기는 서로 비교가 가능합니다.

위의 문제를 다음과 같이 그림으로 나타낼 수 있습니다.

왼쪽과 같은 문제는 빠르기라는 한 가지 기준만을 다루고 있으며, '빠르다' 또는 '느리다' 라는 단지 순서적인 차원만을 비교하고 있기 때문에 그림이나 기호로 문제의 해결이 가능했던 것입니다.

예를 들어, 초속 10m나 시속 120km처럼 일정한 수나 양으로 비교하지 않았기 때문에 단지 순서만 알아도 문제를 해결할 수 있었습니다.

초속 100m로 나는 비행기와 시속 300km로 달리는 KTX 중 뭐가 더 빠를까?

이 문제는 서로 차원이 달라서 비교할 수 없어.

아냐. 초속과 시속은 똑같이 속도를 나타내는 단위니까 비교할 수 있어.

1시간은 3600초니까, 100 × 3600을 하면 360000. 비행기는 시속 360km야. 그러니까 비행기가 KTX보다 빨라.

이번에는 다음의 문제를 풀어 봅시다.

문제

④ 500원으로 학용품을 사려고 합니다. 지우개는 50원이고 연필은 100원입니다. 500원으로 지우개와 연필을 살 수 있는 방법은 모두 몇 가지나 될까요?

위의 문제는 몇 가지의 차원을 다루고 있습니까?

500원으로 살 수 있는 지우개와 연필의 개수를 묻고 있습니다.

다시 말해 2개의 차원을 다루고 있습니다.

위의 문제를 그림을 그려서 해결하는 것은 어떨까요?

가능은 하겠지만 그림으로 표현하면 시간이 너무 많이 걸리게 됩니다. 이처럼 어떤 문제 안에 2개 이상의 차원이 포함되어 있어서 그 풀이가 복잡하고 혼란스럽게 보이는 문제는 아래와 같은 표를 만들어 보는 것이 좋습니다.

연필100						
지우개50						
합계원	500	500	500	500	500	500

먼저 500원으로 연필만 사려면 어떻게 해야 할까요?

연필을 5자루 살 수 있습니다. 이를 표에 나타내 보세요.

연필100	5					
지우개50	0					
합계원	500	500	500	500	500	500

다음으로 500원으로 연필을 네 자루 사면 지우개는 몇 개를 살 수 있습니까?

지우개는 2개 살 수 있습니다. 이를 표에 나타내 보세요.

연필100	5	4				
지우개50	0	2				
합계원	500	500	500	500	500	500

이상과 같은 방법으로 연필의 개수를 줄이고, 지우개의 개수를 늘려 나가면서 표를 만들어 보면 다음과 같습니다.

연필100	5	4	3	2	1	0
지우개50	0	2	4	6	8	10
합계원	500	500	500	500	500	500

앞에서와 같이 여러 가지 기준을 고려해서 풀어야 하는 복잡한 문제들은 표를 이용하면 쉽게 해결할 수 있습니다.

문제에 복잡하게 서술된 내용들은 한 번에 이해하고 풀기가 어렵기 때문에, 표를 이용하여 문제를 하나하나 논리적으로 해결해 나감으로써 문제에 나타난 복잡한 상황을 명확하게 처리할 수 있었습니다.

알아둡시다

1. 길이와 넓이와 부피는 서로 차원이 다르기 때문에 그 차이를 비교할 수 없습니다.

2. 어떤 문제 안에 2개 이상의 차원이 들어 있어 풀기가 어려워 보이는 문제는 표를 만들어 해결하는 것이 좋습니다.

집합에서는

여러 가지 기호를 사용합니다.

이러한 기호를 이용하면

쉽고 정확하게 집합을 표현할 수 있습니다.

2

수로
나타내는
표 만들기

2교시 학습 목표

1. 1000원을 500원짜리와 100원짜리로 바꾸는 방법을 표를 만들어 해결하는 방법을 알 수 있습니다.

2. 지폐를 동전으로 바꾸는 다양한 방법들을 표를 만들어 찾을 수 있습니다.

미리 알면 좋아요

1. **수형도** 경우의 수를 나뭇가지 모양으로 나타낸 것으로 점과 선으로만 연결되는 도형을 말합니다.

   예를 들어, A, B, C 세 가지 놀이 기구 중 A를 먼저 타는 경우의 순서는 다음과 같습니다.

$$A \left< \begin{matrix} B - C \\ C - B \end{matrix} \right\} 2가지입니다.$$

2. **횟수** 차례가 얼마나 반복되는지를 말합니다.

문제

1 1000원짜리 지폐를 동전으로 바꾸려고 합니다. 바꿀 수 있는 동전에는 10원짜리, 100원짜리, 500원짜리가 있습니다. 1000원짜리 지폐를 동전으로 바꾸는 방법은 모두 몇 가지가 있습니까?

2 50원짜리 동전과 100원짜리 동전을 세어 보니 모두 14개이고, 금액의 합은 950원입니다. 50원짜리 동전은 몇 개인지 구하시오.

드디어 겨울방학이 시작되었습니다.

철오와 미라는 겨울방학을 얼마나 기다렸는지 즐거운 마음으로 추운 줄도 모르고 외투도 입지 않은 채 학교에 가고 있었습니다. 특히 철오는 지난번 교내 수학경시대회에서 전교 1등을 차지해 전국 수학경시대회에 나갈 수 있게 되었습니다. 그래서 방학 중에도 쉬지 않고 수학 공부를 하겠다는 학구열로 가득했습니다. 하지만 미라는 교내 수학경시대회가 있던 날 늦잠을 자는 바람에 시험을 망치고 말았습니다.

철오가 미라에게 방학 때 함께 수학 공부를 하자고 말했지만, 미라는 관심 없다는 듯이 대답도 하지 않았습니다. 하지만 사실 미라는 속으로 방학 때도 학교에 나와서 수학 공부를 할 수 있는 철오가 부럽기만 했습니다. 왜냐하면 미라의 부모님은 미라가 방학을 할 때면 시골 할머니 댁과 고모네 집, 그리고 이모네 집에 심부름을 자주 보냈기 때문이었습니다. 만약 수학경시대회에서 좋은 성적을 받았더라면 매일매일 학교에 간다는 핑계로 심부름을 피할 수 있었을 텐데…… 하는 아쉬움 때문에 미라는 속이 쓰렸습니다.

오늘도 엄마는 늦잠을 자는 미라를 가만 놔두지 않았습니다.

"미라야~ 일어나야지. 어서 밥 먹고 심부름 다녀오렴."

미라의 어머니는 계란 장사를 하십니다. 그리고 할머니와 고모와 이모네 집에 계란을 매일 10개씩 보내고 있습니다. 미라가 방학하기 전에 엄마는 모든 일을 처리하시느라 무척 바쁘셨지만, 미라가 방학을 했기 때문에 이제 미라에게 심부름을 시키고 여유를 찾으려고 하셨습니다.

미라는 엄마의 성화에 못 이겨 어쩔 수 없이 일어났습니다. 그리고 밥을 먹고 계란 30개를 들고 집을 나섰습니다.

골목길을 돌아서 큰길로 나가는데, 뒤에서 낯익은 목소리가 들렸습니다.

"미라야! 어디 가니?"

철오였습니다.

철오가 뛰어와서 미라 옆에 나란히 걸었습니다.

"응. 엄마 심부름으로 할머니랑 고모랑 이모네 집에 계란

갖다 드리러 가는 길이야. 넌 학교 가는구나.”

“우와, 재미있겠다. 나 오늘 학교 안 가도 되는 날인데, 같이 가자.”라고 철오가 말하자 미라는

“정말? 혼자 가기 심심했는데, 정말 잘됐다. 어서 가자.” 라고 대답했습니다.

철오는 미라의 계란을 함께 들고 걸어갔습니다.

“먼저 할머니 댁에 가야 해. 할머니께서 오전에 계란을 받으시고 오후에는 꼭 노인정에 가시거든. 고모네나 이모네 는 아무 데나 먼저 가도 되고. 우리 할머니 댁에 가서 간식 먹고 가자.”

미라가 철오에게 말했습니다.

“그럼 수형도로 그리면 두 가지의 경우의 수를 찾을 수 있겠네. 이모네랑 고모네는 아무 데나 먼저 가도 되니까.” 철오가 또 선생님처럼 또박또박 설명하듯이 말했습니다.

“수형도? 수형도가 뭐야? 새로 나온 무술 이름이야? 그 런데 무슨 무술로 경우의 수를 찾을 수가 있어?”라고 미라 가 물었습니다.

그러자 철오는 미라에게 다시 설명해 주었습니다.

"수형도란 점과 선으로만 연결되어 있고 단일폐곡선이 없는 도형이야. 어떤 사건이 일어나는 모든 경우를 나무에서 가지가 뻗어 나가는 것과 같은 모양의 그림으로 그린 것이지. 다시 말해서 경우의 수를 나뭇가지 모양으로 나타낸 것으로 점과 선으로만 연결되는 도형을 말하는 거야.

예를 들어, A, B, C 세 가지 놀이 기구 중 A를 먼저 타는

경우는 A $\Big\langle$ $\begin{matrix} B - C \\ C - B \end{matrix}$ $\Big\}$ 의 2가지가 되는 것이지."

"그럼 할머니 댁에 갔다가 이모네 집에 갔다가 고모네 집에 가는 방법과 할머니 댁에 갔다가 고모네 집에 갔다가 이모네 집에 가는 방법 2가지를 수형도로 나타내면

할머니댁 $\Big\langle$ $\begin{matrix} \text{이모집} - \text{고모집} \\ \text{고모집} - \text{이모집} \end{matrix}$ $\Big\}$ 이렇게 2가지가 되겠네."

미라의 말이 끝나기가 무섭게 철오가 말했습니다.

"미라야, 내일부터 수학경시대회 대비반에 들어가서 함

께 공부해도 되겠는걸."

앞의 문제들은 일정한 액수의 돈을 몇 가지 종류의 동전
으로 바꿀 때 표를 이용하여 해결하는 전략입니다. 여기서
동전의 종류가 점점 많아지고 고려해야 할 조건이 추가되면
서 문제는 점점 더 복잡하고 어려워 보입니다. 이러한 경우
에 적절한 표를 만들어 해결하는 전략을 알아보도록 합시다.

문제①에서 바꿀 수 있는 동전의 종류는 몇 가지입니까?

10원짜리, 100원짜리, 500원짜리 세 가지 종류가 있습
니다.

이 문제에서는 동전의 종류가 세 가지로 늘어나면서 더
복잡해 보입니다. 따라서 아래와 같은 표를 만들어 보는 것
이 좋습니다.

500원	
100원	
10원	
합계	

먼저 1000원을 모두 500원짜리로 바꾸는 경우를 생각해 봅시다.

1000원을 모두 500원짜리로 바꾸면 500원짜리는 몇 개

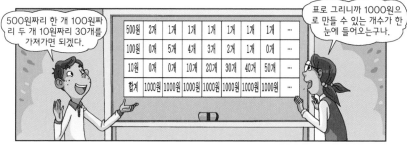

가 될까요? 500원×2=1000원이므로 2개입니다.

　다음으로 1000원으로 500원짜리는 한 개만 바꿀 경우에는 어떻게 될까요? 이것을 수형도로 나타내면 다음과 같습니다.

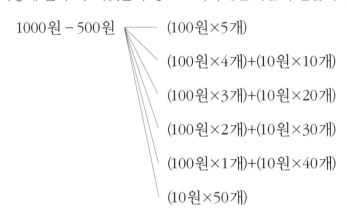

1000원 – 500원 ⟨ (100원×5개)

(100원×4개)+(10원×10개)

(100원×3개)+(10원×20개)

(100원×2개)+(10원×30개)

(100원×1개)+(10원×40개)

(10원×50개)

　이상을 표에 나타내면 다음과 같습니다.

500원	2개	1개	1개	1개	1개	1개	1개	…
100원	0개	5개	4개	3개	2개	1개	0개	…
10원	0개	0개	10개	20개	30개	40개	50개	…
합계	1000원	1000원	1000원	1000원	1000원	1000원	1000원	…

　이번에는 1000원을 500원짜리 없이 100원짜리와 10원

짜리로만 바꿀 경우에는 어떻게 될까요? 이것을 수형도로
나타내면 다음과 같습니다.

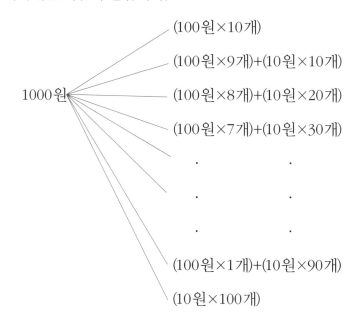

위의 수형도만을 표로 나타내면 다음과 같습니다.

500원	0	0	0	0	0	0	0	0	0	0	0
100원	10	9	8	7	6	5	4	3	2	1	0
10원	0	10	20	30	40	50	60	70	80	90	100
합계	1000	1000	1000	1000	1000	1000	1000	1000	1000	1000	1000

따라서 1000원짜리 지폐를 10원짜리, 100원짜리, 500원
짜리 동전으로 바꿀 수 있는 방법은 모두 18가지입니다.

문제 **2**는 50원짜리 동전과 100원짜리 동전의 합이 14
개이고 금액이 950원일 경우, 50원짜리 동전의 개수를 구하
는 문제입니다. 이 문제를 표를 이용하여 문제를 해결하기
위해서는 먼저 다음과 같은 표를 만듭니다.

50원개	…
100원개	…
합계원	…

그런 다음 50원짜리 동전과 100원짜리 동전의 합이 14
개인 경우를 표에 나타내 봅니다.

50원개	1	2	3	4	5	6	7	8	9	10	11	12	13
100원개	13	12	11	10	9	8	7	6	5	4	3	2	1
합계원													

그런데 50원짜리 동전 한 개와 100원짜리 동전 13개의 금액의 합은 1350원으로 950원과 차이가 너무 많이 나는군요. 그리고 50원짜리 동전이 하나 증가하고 100원짜리 동전이 하나 감소할 때마다 총 금액이 50원씩 적어지는 것을 알 수 있습니다.

50원개	1	2	...
100원개	13	12	...
합계원	1350	1300	...

따라서 1000원에 가까운 금액의 합이 될 수 있는 순서쌍을 예상하여 몇 가지 경우를 선택하여 표를 만들어 봅시다.

50원개	6	7	8	9	10	11
100원개	8	7	6	5	4	3
합계원	1100	1050	1000	950	900	850

합계가 950원인 것은 50원짜리 동전이 9개, 100원짜리 동전이 5개일 때입니다.

1. 1000원을 모두 500원짜리로 바꾸는 경우와 500원짜리는 1개만 바꾸는 경우, 500원짜리 없이 100원짜리와 10원짜리로만 바꾸는 경우는 모두 18가지입니다.

2. 50원짜리 동전과 100원짜리 동전이 모두 14개이고 금액의 합이 950원일 때, 50원짜리 동전은 9개이고 100원짜리 동전은 5개입니다. 표를 만들면 쉽게 알 수 있습니다.

통계로
사용하기 위한
표 만들기

3 _{교시}

3교시 학습 목표

1. 일정한 기간 동안의 날씨를 표를 만들어서 알 수 있습니다.
2. 어떤 자료를 표로 만들어 통계를 구할 수 있습니다.

미리 알면 좋아요

1. **통계** 어떤 현상을 한 눈에 알아보기 쉽게 일정한 체계에 따라 그 특징을 숫자로 표현한 것입니다. 따라서 그 수치로 일정한 집단에서 개개의 요소가 갖는 특징을 알 수 있습니다.

2. **통계표** 통계의 결과를 나타낸 표입니다. 통계표를 이용하면 여러 가지 일이나 물건의 많고 적음, 또는 종류 등을 비교하거나 시간적으로 일어나는 변동을 비교하여 볼 수 있습니다.

문제

① 다음은 진우가 우리나라의 3월 한 달 동안의 날씨를 조사한 것입니다. 3월의 날씨가 어떠했는지 알아보세요. 아래에 나와 있지 않은 날은 맑고 바람이 없는 날들입니다.

1일 … 비 오고 바람 붐,   2일 … 맑고 바람 붐,

4일 … 흐리고 바람 붐,   7일 … 흐리고 바람 붐,

8일 … 비 오고 바람 붐,   9일 … 눈 오고 바람 붐,

14일 … 맑고 바람 붐,   16일 … 흐리고 바람 붐,

20일 … 맑고 바람 붐,   22일 … 흐리고 바람 붐,

26일 … 흐리고 바람 붐,   30일 … 맑고 바람 붐

미라와 철오가 공원에 산책을 나왔습니다.

미라는 요즘 얼굴에서 웃음이 그치지를 않습니다. 다음 달이면 미라의 동생이 태어나기 때문입니다. 형제가 없었던 미라는 항상 외로움을 많이 탔고 형제가 많은 철오를 부러워했습니다. 그런데 다음 달이면 미라도 드디어 동생이 생기게 되는 것입니다.

"와! 신난다. 나도 이제 언니가 된다."

미라가 신나서 말했습니다.

철오는 "미라야. 네 동생은 태어나지도 않았는데, 어떻게 언니가 된다는 거야? 네 동생이 남자 아이면 넌 누나가 되는 거잖아."라고 대답했습니다.

하지만 미라는 "싫어 싫어. 난 무조건 언니가 될 거야. 남동생이든 여동생이든 상관없어. 난 무조건 언니야, 언니. 와! 난 언니다."라고 말했습니다.

철오는 어이없다는 듯이 "미라야! 그런 게 어디 있어. 나중에 남동생이 태어나면 누나가 되는 것이지."라고 말했습니다.

하지만 미라는 상관없다는 듯 좋아서 혼자 콧노래를 불렀습니다. 둘이서 공원의 중앙에 이르자 공원의 해시계 옆에 우리나라 인구를 나타내는 탑이 보였습니다.

탑에는 현재 우리 시의 인구는 3456789명이라고 나와 있었습니다. 또 우리나라 인구는 45678912명이고 그 밑에 세계 인구는 6789123456명이라고 했습니다.

미라는 인구가 적혀 있는 탑을 보자마자 철오에게 말했습니다.

"철오야. 저기 인구 탑 봐봐. 다음 달에는 저 숫자에 1을 더해야 해. 왜냐하면 내 동생이 태어나니까."

하지만 철오는 미라에게 그게 아니라고 말했습니다.

"저기에 있는 인구표는 통계로 구한 결과를 토대로 어림수로 나타낸 것이란 말이야."

하지만 미라는 통계라는 말을 처음 들어본다는 듯이 대꾸했습니다.

"통계? 통계가 뭐야? 통깨는 들어봤어도 통계는 처음 들어보는데."

　　"**통계**란 어떤 현상을 한눈에 알아보기 쉽도록 일정한 체

계에 따라 그 특징을 숫자로 표현한 것이야. 따라서 그 수치

를 통해 일정한 집단에서 개개의 요소가 갖는 특징을 알 수

있는 거라고.

　그리고 **통계표**란 통계 결과를 나타낸 표를 말하는데, 통계표를 이용하면 여러 가지 물건의 많고 적음, 또는 종류의 가짓수 등을 비교하거나 시간적으로 일어나는 사건의 변동 사항 등을 비교해 볼 수 있는 장점이 있어. 특히 통계표는 통계의 최종 목적으로 간주된다고.”

　“나도 알고 있었다고. 네가 얼마나 공부를 열심히 하고 있는지 시험해 본 거야. 쳇!”

　심통이 난 미라가 대답했습니다.

　앞에서 무질서하고 복잡하게 나열되어 있는 여러 가지 자료들을 자료의 특성들에 맞게 기준을 정하여 집합으로 분류했습니다. 이제 분류된 자료들을 수치화하여 표로 만들어 그 결과를 쉽게 이해할 수 있는 통계표로 만드는 방법을 알아보려고 합니다.

　앞의 문제는 진우가 3월 한 달 동안의 날씨를 조사하여 기록한 것입니다. 그런데 어떤 문제점이 있습니까?

날짜별로 날씨의 상태를 순서대로 기록했기 때문에 예를 들어, 3월 중 비 오고 바람 분 날이 며칠이나 되는지 한 번에 알 수 없습니다.

위의 문제를 해결하기 위해서 먼저 무엇을 해야 하나요?

먼저 날씨를 종류별로 구분해 보는 것이 좋겠습니다.

3월 중에는 몇 종류의 날씨가 나타났을까요? 이것을 표로 나타내면 다음과 같습니다.

날씨	비 오고 바람 붐	맑고 바람 붐	흐리고 바람 붐	눈 오고 바람 붐	맑음
날짜					

그리고 이 표에 날짜를 적어보면 다음과 같습니다.

날씨	비 오고 바람 붐	맑고 바람 붐	흐리고 바람 붐	눈 오고 바람 붐	맑음
날짜	1일, 8일	2일, 14일, 20일, 30일	4일, 7일, 16일, 22일, 26일	9일	3, 5, 6, 10, 11, 12, 13, 15, 17, 18, 19, 21, 23, 24, 25, 27, 28, 29, 31

그런데 옆의 표를 볼 때 아직도 불편한 점이 느껴지지 않습니까?

그렇습니다. 옆의 표는 3월 중 흐리고 바람 분 날이 며칠

이었는지 금방 알아보기가 어렵습니다. 특히 맑은 날은 3월 한 달, 즉 31일 동안 며칠이나 나타났는지 쉽게 알 수 없다는 단점이 있습니다.

따라서 앞의 표를 좀 더 쉽게 알아볼 수 있도록 단순화해서 나타내면 다음과 같습니다.

날씨	비 오고 바람 붐	맑고 바람 붐	흐리고 바람 붐	눈 오고 바람 붐	맑음
날짜	2일	4일	5일	1일	19일

1. 우리나라의 3월의 날씨를 조사하려면 먼저 날씨를 종류별로 구분합니다.

2. 이렇게 구분한 자료들을 좀 더 쉽게 알아볼 수 있도록 단순화하여 표로 나타내 봅니다.

이제까지 표를 만들어서 문제를 푸는 방법을
알아 보았습니다. 그런데 모르는 사항이
많을 때는 이 방법으로 풀기 어렵다는
생각이 들 수도 있습니다.
그때에는 문자를 대입해서 풀어 봅시다.

무사히
강 건너기

4^{교시}

4교시 학습 목표

1. 복잡한 문제를 논리적으로 해결할 수 있습니다.
2. 표를 이용하여 문제를 논리적으로 해결할 수 있는 방법을 찾을 수 있습니다.

미리 알면 좋아요

1. **문자** 수량이나 도형 등 여러 가지 대상을 나타내기 위하여 쓰이는 숫자 이외의 글자입니다. 즉 구체적인 수량을 '대입'시킬 수 있는 자리임을 나타냅니다.

2. 이러한 유형의 문제는 등장하는 대상들을 a, b, c와 같은 문자로 바꾼 후 표를 이용하여 논리적으로 해결하는 것이 좋습니다.

4 교시

문제

1 아버지와 두 아들이 무인도에서 육지로 건너가려고 합니다. 아버지의 몸무게는 70kg이고, 큰 아들의 몸무게는 40kg이며 작은 아들의 몸무게는 30kg입니다. 배에는 최대한 70kg까지 탈 수 있으며, 70kg이 넘어서면 배는 물에 가라앉습니다. 아버지와 두 아들이 무인도에서 육지로 무사히 건너가려면 배를 최소한 몇 번 타야 하는지 알아보세요.

수학문제를 해결할 때 문자를 사용하는 경우가 많이 있습니다. 문자는 수량이나 도형 등 여러 가지 대상을 나타내기 위하여 쓰이는 숫자 이외의 글자입니다. 즉 구체적인 수량을 '대입' 시킬 수도 있는 자리임을 나타내는데, 문자를 사용하면 수학문제를 풀 때 실수할 확률이 줄어드는 장점이 있습니다.

앞의 문제에는 아버지와 두 아들이 동시에 한 배에 탈 수 없다는 조건이 들어 있습니다. 그러면 아버지와 큰 아들이 한 배에 동시에 탈 수 있을까요?

아닙니다. 아버지와 큰 아들의 몸무게의 합은 110kg이므로 같이 탈 경우 배는 물에 가라앉게 됩니다.

아버지와 작은 아들이 동시에 타는 경우는 어떻습니까?

이 경우도 불가능합니다. 왜냐하면 두 사람의 몸무게의 합이 100kg으로 70kg을 초과하기 때문입니다.

그렇다면 두 아들이 같이 타는 경우는 어떻습니까? 이 경우는 두 사람의 몸무게의 합이 정확히 70kg이므로 동시에 배에 탈 수 있습니다.

그러면 먼저 아버지를 A라 하고, 큰 아들을 a, 작은 아들을 b라고 합시다. 그리고 아래의 표에 아버지와 큰 아들, 작은 아들이 처음 무인도에 있는 것을 나타내 보면 다음과 같습니다.

횟수	무인도	건너는 방향	육지	방법
처음	Aab			
1				
2				
...				

무인도에서 육지로 나오기 위해 처음 배를 탈 때 누가 먼저 타야 할까요?

주어진 조건을 생각하면 처음 무인도에서 육지로 나올 때 혼자 타서는 안 된다는 것을 알 수 있습니다. 왜냐하면 누군가가 다시 무인도로 배를 가져가서 다른 사람을 육지로 나오게 해야 하기 때문입니다.

그렇다면 처음에는 누가 먼저 배에 타고 육지로 나와야

할까요?

큰 아들과 작은 아들이 함께 타고 나와야 할 것입니다.

이러한 상황을 다시 표에 나타내면 다음과 같습니다.

횟수	무인도	건너는 방향	육지	방법
처음	Aab			아버지, 큰 아들, 작은 아들이 무인도에 있다.
1	A	$\longrightarrow$	ab	두 아들이 함께 육지로 간다.
2				
…				

자, 그러면 이번에는 육지에 도착한 두 아들 중 누가 다시 배를 타고 아버지에게 가야 할까요?

이 상황에서는 큰 아들이든 둘째 아들이든 문제 될 것이 없습니다. 따라서 큰 아들이 배를 타고 아버지에게 간다고

횟수	무인도	건너는 방향	육지	방법
처음	Aab			아버지, 큰 아들, 작은 아들이 무인도에 있다.
1	A	$\longrightarrow$	ab	두 아들이 함께 육지로 간다.
2	Aa	$\longleftarrow$	b	큰 아들이 무인도로 간다.
3				
…				

생각하고 표에 나타내면 앞과 같습니다.

이제 무인도에는 아버지와 큰 아들이 있습니다. 그런데 두 사람이 동시에 배를 타고 육지로 갈 수 없다는 것은 이미 앞에서 확인했습니다. 그러면 어떻게 해야 할까요?

큰 아들 혼자 배를 타고 다시 육지로 돌아가는 것은 무의미합니다. 그렇다면 아버지 혼자 육지로 나가기로 결정해 봅시다. 그리고 이러한 상황을 아래의 표에 나타내면 다음과 같습니다.

횟수	무인도	건너는 방향	육지	방법
처음	Aab			아버지, 큰 아들, 작은 아들이 무인도에 있다.
1	A	→	ab	두 아들이 함께 육지로 간다.
2	Aa	←	b	큰 아들이 무인도로 간다.
3	a	→	Ab	아버지 혼자 육지로 간다.
4				
...				

이제 마지막 해결의 실마리가 보입니다. 마지막으로 큰

아들을 데려오기 위해 작은 아들이 혼자 건너가서 형과 함께 육지로 나오면 아버지와 두 아들은 모두 무사히 강을 건너는 셈이 됩니다.

이것을 표에 나타내면 다음과 같습니다.

횟수	무인도	건너는 방향	육지	방법
처음	Aab			아버지, 큰 아들, 작은 아들이 무인도에 있다.
1	A	→	ab	두 아들이 함께 육지로 간다.
2	Aa	←	b	큰 아들이 무인도로 간다.
3	a	→	Ab	아버지 혼자 육지로 간다.
4	ab	←	A	작은 아들이 무인도로 간다.
5		→	Aab	두 아들이 함께 육지로 온다.

이상의 표를 통해 본 과정대로 아버지와 두 아들은 배를 타고 다섯 번만에 무인도에서 육지로 무사히 건너갈 수 있습니다.

꼭 알아둡시다

1. 조건이 주어지고 무인도에서 나오는 문제를 풀 때 먼저 문제의 조건에 맞게 배를 타고 무인도에서 나옵니다.

2. 한 번에 모든 문제를 해결하려고 하지 말고 해결의 실마리가 보일 때까지 논리적인 과정을 밟아가며 푸는 것이 좋습니다.

0이
들어 있는
표 만들기

5교시 학습 목표

1. 주어진 문제를 적당한 표를 만들어 해결할 수 있습니다.
2. 만들어진 표에 내용이 없는 곳에는 0으로 표시할 수 있습니다.

미리 알면 좋아요

1. 영0 영은 '아무 것도 없다'를 뜻하며, 기호 0으로 표시되고 오늘날에는 숫자 1, 2, 3,……, 9와 마찬가지로 숫자로 사용되고 있습니다. 그러나 고대 그리스에서는 영에 해당하는 기호가 없었습니다. 영을 수로 인정하면 사용하기에 편리할 뿐 아니라 오늘날과 같이 자릿값으로 수를 표시하는 경우에는 영이 필수 불가결한 존재입니다.

2. 매트릭스 행렬이라고도 하며 가로와 세로 칸의 배열에 의해서 만들어진 표를 말합니다. 가로, 세로의 칸 수에 따라서 3×3 매트릭스, 4×4 매트릭스 등이 있습니다.

1 김씨 · 홍씨 · 남씨 세 사람의 자녀 수를 합하면 모두 10명입니다. 홍씨는 아들 하나와 딸 둘을 낳았습니다. 김씨의 딸인 혜선이에게는 여동생만 하나 있고 오빠나 남동생은 없습니다. 남씨는 영숙이만 딸이고 나머지는 모두 아들들뿐입니다. 남씨의 아들은 모두 몇 명일까요?

《피타고라스가 만든 수의 기원》을 읽어보신 분은 잘 아시겠지만, 처음에 인도-아라비아 숫자가 만들어졌을 때에는 숫자의 개수가 10개가 아니었습니다. 숫자는 모두 9개뿐이었습니다.

그리고 오랜 시간이 지난 후에야 '0'이라는 숫자가 만들어졌습니다. 하지만 '0'을 숫자로 받아들이기까지는 또 오랜 시간이 걸렸습니다. 왜냐하면 당시 사람들은 '아무 것도 없는 것', 즉 셀 필요가 전혀 없는 '0'이란 숫자의 필요성을 전혀 느끼지 못했기 때문이었습니다.

하지만 인도-아라비아 숫자가 '위치적 기수법'인 자리값의 원칙에 따라 쓰여진다는 특징을 이해하면 '0'의 중요성을 금방 이해할 수 있습니다.

위치적 기수법이란 숫자가 어느 위치에 있느냐에 따라서 그 값이 달라지는 것을 말합니다. 예를 들어, 707라는 수에서 왼쪽의 7과 오른쪽의 7은 똑같은 숫자이지만 왼쪽의 7은 백의 자리에 있으므로 700을 의미하고 오른쪽의 7은 일의 자리에 있으므로 7을 의미합니다.

1부터 9까지의 숫자와 0을 사용하는 **인도-아라비아 숫자**가 유럽 전 지역에 전파되면서 유럽 전역에 커다란 파장을 불러 일으켰습니다. 그동안 로마 숫자로 표현해 왔던 특권층의 심한 반발을 샀던 것입니다.

하지만 이 숫자를 사용하는 사람들은 점점 늘어났습니다. 인도-아라비아 숫자는 인간의 가장 위대한 발명들 중의 하나로 이로 인해 수학과 과학은 커다란 발전을 이루게 되었습니다. 특히 인도-아라비아 숫자는 수를 표현하는 세계 공통의 유일한 '언어'로 쓰이게 되었습니다.

이번에는 '아무 것도 없음'을 나타낼 때 0으로 표시함으로써 다른 문제의 해결에 도움을 주는 경우입니다. 0이 들어 있는 표 만들기가 또 다른 조건을 형성시켜 문제를 쉽게 해결해 주는 전략을 알아보도록 하겠습니다.

앞의 문제는 김씨, 홍씨, 남씨의 집에는 각각 아들, 딸이 몇 명씩 있는가 하는 문제입니다.

먼저 '김씨, 홍씨, 남씨 세 사람의 자녀 수를 합하면 모두 10명입니다.'를 표에 나타내려면 다음과 같은 표를 만들면 됩니다.

	김씨	홍씨	남씨
아들			
딸			
자녀 10명			

다음으로 두 번째 문장인 '홍씨는 아들 하나와 딸 둘을 두었습니다.'를 표에 나타내면 다음과 같습니다.

	김씨	홍씨	남씨
아들		1	
딸		2	
자녀 10명		3	

홍씨는 자녀가 모두 3명입니다. 그러면 김씨와 남씨의 자녀수는 합해서 몇 명이 되어야 할까요? 10-3=7명입니다.

다음의 문장을 읽어 봅시다.

'김씨의 딸인 혜선이에게는 여동생만 하나 있고 오빠나

남동생은 없습니다.'

이 문장에서 김씨는 딸만 둘이고, 아들은 없다는 사실을 알 수 있습니다. 이것을 표에 나타내면 다음과 같습니다.

	김씨	홍씨	남씨
아들	0	1	
딸	2	2	
자녀 10명	2	3	

위에서 알 수 있듯이 김씨에게는 아들이 없으므로 위의 표에서 김씨의 아들 란에는 0을 써 넣었습니다.

이제 마지막 문장을 읽어 봅시다.

'남씨는 영숙이만 딸이고 나머지는 모두 아들들뿐입니다.'

이 문장에서 남씨에게는 딸이 하나뿐이고, 나머지는 모두 아들인데, 그렇다면 아들은 모두 몇 명이나 될까요?

10명−3명홍씨 자녀−2명김씨 자녀−1영숙=4명입니다.

이러한 사실을 표에 나타내면 다음과 같습니다.

	김씨	홍씨	남씨
아들	0	1	4
딸	2	2	1
자녀 10명	2	3	5

따라서 남씨의 아들은 모두 4명입니다.

꼭 알아둡시다

1. 먼저 주어진 조건에 맞도록 적당한 표를 만들어 봅니다.

2. 그리고 만들어진 표에 주어진 조건에 맞는 수를 써 넣습니다.

3. 조건에 없는 힌트 중에서 아무것도 없는 칸에는 0을 써 넣습니다.

규칙성을 찾기 위해 표 만들기

6

6교시 학습 목표

1. 표를 만들어 규칙성을 찾을 수 있습니다.

2. 리그전의 원리를 이용하여 문제를 쉽게 해결할 수 있습니다.

미리 알면 좋아요

1. **경우의 수** 한 시행에서 어떤 사건이 일어나는 경우가 전부 m

   가지일 때, 이 사건이 일어나는 경우의 수는 m이라고 합니다.

2. **리그전** 같은 조나 같은 그룹에 속한 사람 또는 팀이 모두 한 번

   이상 경기나 게임을 하는 방식을 말합니다. 거의 모든 나라의 프

   로 축구경기는 리그전의 형태를 띠고 있습니다.

문제

1 오늘은 학급 임원 선거를 하는 날입니다. 기환, 솔빈, 한결이가 회장 선거에 입후보하였습니다. 의견 발표 순서를 정하는 방법은 모두 몇 가지 경우가 있는지 알아봅시다. 또 입후보한 사람이 네 명이거나 다섯 명일 경우 어떤 규칙이 나타나는지 알아보세요.

2 어느 학교에서 운동회 때 교내 씨름대회를 개최하였습니다.
경기는 참가 선수끼리 서로 한 번씩 경기를 갖는 리그전으로 운영하였습니다. 우승자를 뽑기까지 66번의 경기를 가졌다면 출전한 선수는 모두 몇 명인지 구해 봅시다.

피어슨이 만든 표 만들기 ----- 85

미라와 철오가 텔레비전 앞에서 다투고 있습니다.

미라는 박지성 선수가 출전하는 축구경기를 보고 싶다고 하고, 철오는 드라마 '불친절한 해교씨'를 보고 싶어 하기 때문입니다.

이때 미라의 삼촌이 들어왔습니다. 그리고 다투고 있는 미라와 철오를 보더니 삼촌이 한 가지 제안을 했습니다. 주사위를 던져서 2의 배수가 나오면 축구경기를, 3의 배수가 나오면 드라마를 보기로 한 것입니다.

그러자 미라가 갑자기 불만이 가득한 표정으로 3이 2보다 더 크기 때문에 보나마나 드라마를 보게 될 것이라고 했습니다.

과연 미라의 말처럼 3이 2보다 크니까 불리한 결과가 나오게 될까요?

한 개의 주사위를 던져서 나올 수 있는 경우는 1, 2, 3, 4, 5, 6의 모두 6가지입니다. 축구경기를 보려면 2의 배수가 나와야 하고, 그때 나올 수 있는 수는 2, 4, 6. 모두 3가지입니다. 만약 드라마를 보려면 3의 배수인 3과 6이 나와야 합니다. 그 가짓수는 2가 되겠지요. 과연 축구경기를 보게 될 확률과 드라마를 보게 될 확률 중에서 어느 것이 더 클까요?

"축구경기를 볼 가능성이 더 높잖아."

경우의 수를 따져 본 후 미라는 방금 전과는 달리 기분이 좋아졌습니다.

하지만 철오는 자기가 불리하다며 투덜거렸습니다.

드디어 주사위를 던지자 주사위의 눈이 '1'이 나왔습니다. 1은 2의 배수도 아니고 3의 배수도 아니므로, 다시 던져야 합니다.

만약 5가 나오면 어떻게 할까요? 그때도 다시 던져야 합니다. 5도 2나 3의 배수가 아니기 때문이지요.

그래서 조건을 바꾸었습니다. 주사위를 던져서 짝수의 눈이 나오면 축구경기를 보고, 홀수의 눈이 나오면 드라마를 보기로 하였습니다. 주사위를 던져서 짝수인 2, 4, 6이 나오는 경우가 3가지, 홀수인 1, 3, 5가 나오는 경우도 3가

지이므로 모두에게 공평하다고 할 수 있습니다.

드디어 주사위를 던지려고 할 때, 고모가 오셨습니다.

"얘들아 피자 사 왔다."

고모의 말이 떨어지기가 무섭게 미라는 피자를 먹겠다고 나갔습니다. 고모가 오셨으므로 주사위를 던질 필요도 없이 드라마를 보게 되었습니다.

주사위 한 개를 던졌을 때 나오는 모든 결과들을 알아보기 위해 직접 주사위를 던져 보았습니다. 이렇게 실제로 직접 그 결과들을 알아 보는 것을 **시행**이라고 합니다.

주사위를 던지면 어떤 결과가 나오겠지요? 시행을 통해 나올 수 있는 결과들을 **사건**이라고 합니다. 예를 들어, 주사위를 던지면 1도 나오고 2도 나오고 6도 나올 수 있습니다. 하지만 7이나 8은 나올 수 없지요? 그래서 이때의 사건은 {1, 2, 3, 4, 5, 6}만 해당됩니다.

그리고 사건이 일어나는 경우의 가짓수를 **경우의 수**라고 합니다. 경우의 수를 셀 때는 같은 결과를 두 번 세거나 한 가지라도 빼놓고 세는 일이 없도록 해야 합니다. 주사위를 던졌을 때 나올 수 있는 사건에는 모두 6가지가 있으므로, '경우의 수'는 '6' 입니다.

앞에서 순서에 따라 경우의 수가 많아질 때 조건이 복잡하게 주어진 문제를 단순하게 바꾸어 표로 만들어 보려고 합니다. 이러한 표 만들기 과정에서 나타나는 규칙을 이용하여 어렵고 복잡한 문제를 해결하는 방법을 알아봅시다.

앞의 문제 **1**은 입후보한 사람의 의견 발표 순서를 알아보는 것입니다.

만약 입후보한 사람이 한 명이라면 순서를 정하는 방법은 한 가지일 것입니다. 그렇다면 입후보한 사람이 두 명이라면 순서를 정하는 방법은 몇 가지일까요?

입후보한 사람을 A, B라고 하면 그 순서는 다음과 같은 두 가지의 경우가 될 것입니다.

① A–B
② B–A

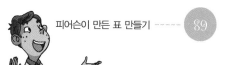

그러면 위의 문제에서 입후보한 사람이 세 명일 경우에 발표 순서는 어떻게 될까요? 그리고 그 경우의 수는 몇 가지일까요?

기환이를 첫 번째로 발표하도록 정하면 나머지 두 사람은 어떤 순서로 결정될까요? 그 순서는 다음과 같습니다.

기환 ➡ 솔빈 ➡ 한결

기환 ➡ 한결 ➡ 솔빈

그리고 솔빈이가 첫 번째로 발표한다면 나머지 두 사람의 순서는 다음과 같습니다.

솔빈 ➡ 기환 ➡ 한결

솔빈 ➡ 한결 ➡ 기환

마지막으로 한결이가 첫 번째에 발표할 때 나머지 두 사람은 다음과 같은 순서로 차례가 정해집니다.

한결 ➡ 솔빈 ➡ 기환

한결 ➡ 기환 ➡ 솔빈

따라서 의견발표 순서의 경우의 수는 6가지입니다.

이상과 같이 입후보한 사람의 수가 늘어날 때 생기는 경우의 수를 표로 나타내 보면 다음과 같습니다.

입후보한 사람의 수명	1	2	3	...
의견발표 순서의 경우의 수가지	1	2	6	...

위의 표에서 입후보한 사람의 수에 따른 순서의 경우의 수를 구해 봅시다. 이때 경우의 수가 일정한 규칙에 의해 늘어난다고 볼 수 있습니까?

입후보한 사람의 수가 4명일 경우 그 순서의 경우의 수는

몇 가지가 될까요?

입후보한 사람을 A, B, C, D라고 하고 그 순서를 정해 봅시다.

먼저 A가 첫 번째로 발표하도록 정하면 나머지 세 사람의 순서는 다음과 같이 결정됩니다.

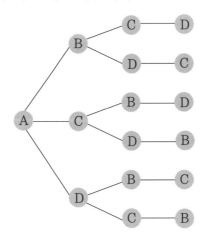

따라서 6×4=24로 24가지 경우가 발생합니다.

그 결과를 표로 나타내면 다음과 같습니다.

입후보한 사람의 수명	1	2	3	4	···
의견발표 순서의 경우의 수가지	1	2	6	24	···

그렇다면 앞의 표에서 입후보한 사람이 다섯 명일 때의 경우의 수를 알 수 있습니까?

알 수 있습니다. 입후보한 사람이 다섯 명일 때에는 120가지의 경우가 생깁니다. 왜냐하면 입후보한 사람의 경우의 수 24가지에 5명을 곱하기 때문에 24가지×5명=120가지가 되는 것입니다.

경우의 수는 나뭇가지 모양의 수형도를 그려 보면 분명히 알 수 있습니다. 따라서 입후보한 사람이 n명일 경우 생기는 경우의 수는 **(n-1)일 경우의 수×n명**으로 구할 수 있습니다.

따라서 입후보한 사람이 n명일 경우를 표로 나타내면 다음과 같습니다.

입후보한 사람의 수명	1	2	3	4	5	⋯	n
의견발표 순서의 경우의 수가지	1	2	6	24	120	⋯	(n-1의 가짓수)×n명

문제 **2**는 교내 씨름대회에 참가한 사람과 경기 횟수와의 규칙을 표를 만들어서 알아보는 문제입니다.

앞의 경기는 출전한 사람들이 모두 한 번씩 경기를 치르는 리그전 방식입니다. 따라서 리그전에서 나타나는 규칙을 살펴보겠습니다.

먼저 출전한 선수가 2명인 경우는 경기 수가 1경기가 됩니다.

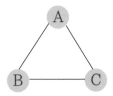

2명인 경우 – 1경기

그리고 출전한 선수가 3명인 경우는 3경기를 치릅니다.

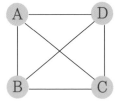

3명인 경우 – 3경기

출전한 선수가 4명인 경우는 6경기를 하게 됩니다.

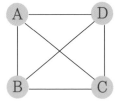

4명인 경우 – 6경기

출전한 선수가 5명일 때에는 10경기가 됩니다.

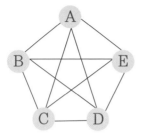

5명인 경우 – 10경기

출전한 선수가 6명인 경우에 15경기를 치릅니다.

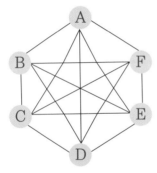

6명인 경우 – 15경기

앞에서 살펴본 리그전의 경우 출전한 선수가 많아질수록 경기 수도 많아진다는 것을 알 수 있습니다. 이렇게 경기 수가 증가할 때 나타나는 규칙을 찾기 위해서는 어떻게 해야 할까요?

이때에는 표를 만들어 규칙을 찾아볼 수 있습니다.

출전 선수가 6명인 경우까지를 표로 나타내면 다음과 같습니다.

선수 수명	2	3	4	5	6
경기 수	1	3	6	10	15

앞의 표에서 나타나는 규칙을 찾을 수 있습니까?

선수의 수가 2, 3, 4, 5, …로 증가하면서 경기 수가 +2, +3, +4, +5, …로 증가합니다. 이러한 규칙에 따라 경기 수가 66이 될 때까지를 표로 만들면 다음과 같습니다.

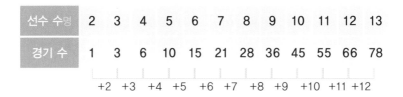

선수 수명	2	3	4	5	6	7	8	9	10	11	12	13
경기 수	1	3	6	10	15	21	28	36	45	55	66	78

+2 +3 +4 +5 +6 +7 +8 +9 +10 +11 +12

따라서 66번의 경기를 가졌다면 12명이 참가하여 경기를 한 것입니다.

꼭 알아둡시다

1. 입후보한 사람의 말하는 순서를 정하는 경우 사람의 수가 n명일 경우에 생기는 경우의 수는 '(n-1)일 경우의 수×n명'으로 구할 수 있습니다.

2. 리그전의 경기 수는 참가한 사람의 수가 n명일 경우 $1+2+3+\cdots+(n-1)$이 됩니다.

방정식을
표 만들기로
해결하기

7교시 학습 목표

1. 방정식 문제를 표를 만들어서 해결할 수 있습니다.
2. 각각의 곱을 이용하여 각각의 수를 알아낼 수 있습니다.

미리 알면 좋아요

1. **방정식** x문자를 포함한 등식에서 x의 값에 따라 참이 되기도

   하고 거짓이 되기도 하는 등식을 x에 대한 방정식이라고 합니다.

2. **공약수** 2개 이상의 정수에 공통으로 포함된 약수를 말합니다.

   예를 들어 12와 18의 공약수는 1, 2, 3, 6입니다.

7교시

 문제

1. 어떤 수학 시험에서 맞게 풀면 한 문제당 5점을 받고, 틀리게 풀면 한 문제당 2점을 뺍니다. 주희는 10문제를 다 풀고 이와 같은 방법으로 채점을 하니까 29점을 받았습니다. 주희는 몇 문제를 맞게 풀었는지 구해 봅시다.

2. 축구 선수 천재, 지영, 영석, 동민 네 사람의 등번호를 곱하였더니 다음과 같았습니다. 네 사람의 등번호가 서로 다르다고 할 때, 천재, 지영, 영석, 동민 네 사람의 등번호를 각각 구해 봅시다.
   ① 천재×지영=21 ② 지영×영석=56 ③ 영석×동민=72

방정식이란 문자를 포함하는 등식에서, 문자에 어떤 특정한 수를 대입할 때만 성립하는 등식을 말합니다. 방정식하면 가장 먼저 떠오르는 수학자는 디오판토스입니다. 디오판토스는 약 3세기경 알렉산드리아 지방에서 수학을 연구한 수학자입니다. 특별히 방정식에 대하여 체계적으로 연구를 하여 현재의 방정식 체계가 탄생하는 데 매우 중요한 역할을 하였습니다. 또한 그의 수학적 업적은 이후 유럽의 수론, 정수론, 대수론을 연구하는 학자들에게 많은 영향을 주었답니다. 그래서 후세의 사람들은 **디오판토스**Diophantos, 246? ~ 330?를 방정식의 역사에 큰 획을 그은 인물이라고 평하고 대수학의 아버지라고 부른답니다.

우리가 수학에서 사용하는 문자의 기원도 디오판토스가 자신의 저서에서 문자를 사용한 것이 시작이라고 할 수 있습니다. 디오판토스 이후에는 데카르트의 영향으로 문자를 일반적으로 사용하게 되었습니다.

어느 날 데카르트가 수학 논문을 완성하고 이 논문을 책으로 만들기 위해 인쇄소를 찾았습니다. 그때 인쇄소 직원은 수학 논문에 한 가지 문자가 많이 사용되고 있는 것을 발견했습니다. 데카르트는 이 논문에서 문제에 확실히 제시된 숫자와 아직 정확히 알지 못하는 숫자를 구별해서 문자를

사용하며, 그중에 아직 알지 못하는 숫자를 한 가지 문자로 표현했다고 설명했습니다.

그러자 그 인쇄소 직원은 인쇄소에서 사용하는 활자 중에서 x가 다른 문자에 비해 많이 남아 있으니 여기에서 사용되고 있는 문자를 x로 바꾸어 써도 괜찮겠느냐고 물었습니다. 이에 데카르트가 동의하면서 알파벳 26자 중 x를 미지수로 사용하게 된 것입니다.

문제 **1**은 맞은 문제를 미지수 x로 놓고, 틀린 문제를 미지수 y로 놓은 다음 연립방정식으로 해결할 수 있는 문제입니다.

그러나 초등학생들은 연립방정식을 아직 배우지 않았으므로 표 만들기를 통해서 해결해 보도록 합시다.

먼저 주희는 모두 몇 문제를 풀었습니까?

10문제입니다.

주희가 10문제를 모두 맞았다면 몇 점을 받았을까요?

한 문제당 5점을 받게 되므로 5점×10문제=50점입니다.

그런데 주희는 29점을 받았으므로 10문제를 모두 맞춘 것은 아닙니다. 그렇다면 주희가 9문제를 맞히고 1문제를 틀렸다면 몇 점을 받게 될까요? 이것을 표로 나타내면 다음과 같습니다.

맞힌 문제 수	9	⋯
틀린 문제 수	1	⋯
점수	$(9 \times 5) - (1 \times 2) = 43$	⋯

위의 표는 주희의 점수와 일치하지 않습니다. 그러면 이번에는 8문제를 맞히고 2문제를 틀린 경우에는 몇 점을 받게 될지 표에 써 봅시다.

맞힌 문제 수	9	8	⋯
틀린 문제 수	1	2	⋯
점수	$(9 \times 5) - (1 \times 2) = 43$	$(8 \times 5) - (2 \times 2) = 36$	⋯

위의 경우도 주희가 받은 점수와 일치하지 않습니다. 따라서 이번에는 7문제를 맞히고 3문제를 틀렸을 경우를 생각

하여 표에 써 봅시다.

맞힌 문제 수	9	8	7	⋯
틀린 문제 수	1	2	3	⋯
점수	$(9×5)-(1×2)$ $=43$	$(8×5)-(2×2)$ $=36$	$(7×5)-(3×2)$ $=29$	⋯

위의 표에서 나온 결과는 주희의 점수와 일치하므로 주희는 10문제 중 7문제를 맞히고 3문제를 틀린 셈이 됩니다.

문제 2는 축구 선수 네 사람의 등번호의 곱을 이용하여 각자의 등번호를 알아내는 문제입니다.

먼저 두 수의 곱에서 두 번 등장한 사람은 지영과 영석입니다. 영석의 등번호와 관련된 식은 지영×영석=56, 영석×동민=72이므로 영석의 등번호는 56과 72의 공약수가 됩니다. 따라서 56과 72의 공약수를 구하면, 56과 72의 공약수는 1, 2, 4, 8입니다.

그러므로 영석의 등번호는 1, 2, 4, 8 중의 하나가 됩니다.

첫째, 영석의 등번호가 1일 경우를 표로 나타내어 봅시다.

천재	지영	영석	동민

1

영석의 등번호가 1일 경우 ②번에서 지영×영석=56이기 때문에 지영이의 등번호는 56이 됩니다. 또, ③번에서 영석×동민=72이기 때문에 동민의 등번호는 72가 됩니다. 그런데 ①번에서 천재×지영=21이라고 했는데, 천재×지영=21이 될 수 없기 때문에 영석의 등번호는 1번이 될 수 없습니다.

천재	지영	영석	동민
?	56	1	72

둘째, 영석의 등번호가 2일 경우를 표로 나타내어 봅시다.

천재	지영	영석	동민
		2	

영석의 등번호가 2일 경우 ②번에서 지영×영석=56이기 때문에 지영이의 등번호는 28이 됩니다. 또, ③번에서 영석×동민=72이기 때문에 동민의 등번호는 36가 됩니다. 그런데 ①번에서 천재×지영=21이라고 했는데 천재×지영=21이 될

수 없으므로 영석의 등번호는 2번이 될 수 없습니다.

천재	지영	영석	동민
?	28	2	36

셋째, 영석의 등번호가 4일 경우를 표로 나타내어 봅시다.

천재	지영	영석	동민
		4	

영석의 등번호가 4일 경우 ②번에서 지영×영석=56이기 때문에 지영이의 등번호는 14가 됩니다. 또, ③번에서 영석×동민=72이기 때문에 동민의 등번호는 18이 됩니다. 그런데 ①번에서 천재×지영=21이라고 했는데, 천재×지영=21이 될 수 없기 때문에 영석의 등번호는 4번이 될 수 없습니다.

천재	지영	영석	동민
?	14	4	18

넷째, 영석의 등번호가 8일 경우를 표로 나타내어 봅시다.

천재	지영	영석	동민
		8	

영석의 등번호가 8일 경우 ②번에서 지영×영석=56이기 때문에 지영이의 등번호는 7이 됩니다. 또, ③번에서 영석×동민=72이기 때문에 동민의 등번호는 9가 됩니다. 그런데 ①번에서 천재×지영=21이라고 했으므로, 천재×7=21임을 알 수 있습니다. 따라서 천재의 등번호는 3번이 됩니다.

천재	지영	영석	동민
3	7	8	9

이번에는 지영이를 기준으로 알아봅시다.

지영이의 등번호와 관련된 식은 천재×지영=21, 지영×영석=56이므로 지영이의 등번호는 21과 56의 공약수가 됩니다.

따라서 21과 56의 공약수를 구하면, 21과 56의 공약수는 1, 7입니다.

그러므로 지영이의 등번호는 1, 7 중의 하나가 됩니다.

첫째, 지영이의 등번호가 1일 경우를 표로 나타내어 봅시다.

천재	지영	영석	동민
	1		

지영이의 등번호가 1일 경우 ①번에서 천재×지영=21이기 때문에 천재의 등번호는 21이 됩니다. 또 ②번에서 지영×영석=56이기 때문에 영석의 등번호는 56이 됩니다. 그런데 ③번에서 영석×동민=72라고 했는데 56×동민=72가 될 수 없기 때문에 지영이의 등번호는 1번이 될 수 없습니다.

둘째, 지영이의 등번호가 7일 경우를 표로 나타내어 봅시다.

천재	지영	영석	동민
	7		

지영이의 등번호가 7일 경우 ①번에서 천재×지영=21이
기 때문에 천재의 등번호는 3이 됩니다. 또 ②번에서 지영×
영석=56이기 때문에 영석이의 등번호는 8이 됩니다. 그런
데 ③번에서 영석×동민=72라고 했으므로 8×동민=72입니
다. 따라서 지영이의 등번호는 9번이 됩니다.

천재	지영	영석	동민
3	7	8	9

꼭 알아둡시다

1. 주희가 받은 점수와 일치할 때까지 표를 만들어서 적당한 수를 계속해서 대입하여 구합니다.

2. 각각의 조건이 모두 맞아떨어질 때까지 표를 이용하여 문제를 해결해 나갑니다.

'참'과 '거짓'을 다루는

논리적인 문제를 해결할 때에는,

'진리표'를 만들어서 풉니다.

8 _{교시}

차원이
2개인
진리표 만들기

8교시 학습 목표

1. 참과 거짓을 따지는 논리적인 문제를 표를 이용하여 해결할 수 있습니다.

2. 진리표를 이용하여 주어진 문제를 해결할 수 있습니다.

미리 알면 좋아요

1. **참값** 일정한 측정에 의하여 구하려는 어떤 양의 크기 또는 그 정확한 값을 말합니다.

2. **진리표** 일반적으로 어떤 명제의 참과 거짓과의 관계를 표로 만든 것을 말합니다.

8 교시

문제

학교에서 집으로 돌아오는 길에 효진, 재웅, 경호, 경애는 상점에 들러서 아이스크림, 초콜릿, 우유, 두유를 샀습니다. 다음을 보고 누가 무엇을 샀는지 알아보세요.

● 재웅이와 경호는 초콜릿을 사지 않았다.

● 효진이는 아이스크림을 샀다.

● 재웅이는 자신과 경애를 위해 우유와 초콜릿을 샀다.

이번에는 '참'과 '거짓'을 따지는 논리적인 차원을 다루는 문제에 대해서 알아보려고 합니다. 즉 표로 만들어 수를 대입하는 앞의 문제와는 달리 **진리표**를 만들어 문제를 풀어가는 것입니다. 이는 차원이 2개인 문제를 표를 활용하여 주어진 조건 이외의 조건을 자연스럽게 찾아가며 문제를 해결해 가는 전략입니다.

참값이란 일정한 측정에 의하여 얻은 길이 · 무게 · 부피 등의 정확한 값을 의미합니다. 또 진리표란 단일명제의 참 · 거짓과 논리곱, 논리합 등을 이용하여 합성된 합성명제의 참 · 거짓과의 대응 관계를 나타내는 표를 말합니다.

위의 문제에서 나오는 사람은 몇 명입니까?

– 효진, 재웅, 경호, 경애 4사람입니다.

이들이 상점에서 산 물건은 각각 무엇입니까?

– 아이스크림, 초콜릿, 우유, 두유입니다.

이제 누가 어떤 물건을 샀는지 알아보면 됩니다. 다시 말해 '누가'와 '어떤 물건을'이란 2가지 차원을 구하는 문제

입니다.

먼저 2개의 차원을 나타내는 표를 만들면 다음과 같습니다.

산 물건 \ 시간	효진	재웅	경호	경애
아이스크림				
초콜릿				
우유				
두유				

첫 번째 조건을 살펴봅시다.

재웅이와 경호는 무엇을 샀습니까? 아직은 모릅니다. 재웅이와 경호가 초콜릿을 사지 않았다는 것만을 알 수 있습니다.

재웅이와 경호가 초콜릿을 사지 않았다는 것을 표에 나타내면 다음과 같습니다.

산 물건＼시간	효진	재웅	경호	경애
아이스크림				
초콜릿		×	×	
우유				
두유				

다음으로 두 번째 조건을 살펴봅시다.

효진이는 무엇을 샀습니까? 아이스크림입니다. 그렇다면 효진이는 초콜릿과 우유와 두유는 사지 않은 것이 됩니다.

그리고 재웅, 경호, 경애는 아이스크림을 사지 않았다는 것도 알 수 있습니다.

이것을 표에 나타내면 다음과 같습니다.

산 물건 \ 시간	효진	재웅	경호	경애
아이스크림	○	×	×	×
초콜릿	×	×	×	
우유	×			
두유	×			

위의 표를 자세히 살펴보면 경애가 초콜릿을 샀다는 것이 자연스럽게 나타납니다. 왜냐하면 효진, 재웅, 경호는 초콜릿을 사지 않았기 때문에 초콜릿을 산 사람은 경애 한 사람임을 알아낼 수 있는 것입니다.

이것을 표로 나타내면 다음과 같습니다.

산 물건 \ 시간	효진	재웅	경호	경애
아이스크림	○	×	×	×
초콜릿	×	×	×	○
우유	×			×
두유	×			×

마지막으로 세 번째 조건을 보면, 재웅이와 경애는 우유와 초콜릿을 샀다고 했습니다.

재웅이는 초콜릿을 샀을까요? 아닙니다. 초콜릿은 이미 경애가 산 것으로 밝혀졌습니다. 따라서 재웅이는 우유를 산 것이 틀림없습니다.

이것을 표에 나타내면 다음과 같습니다.

산 물건＼시간	효진	재웅	경호	경애
아이스크림	○	×	×	×
초콜릿	×	×	×	○
우유	×	○	×	×
두유	×	×	○	×

따라서 효진이는 아이스크림을 샀고, 재웅이는 우유를, 경호는 두유를, 경애는 초콜릿을 산 것으로 밝혀졌습니다.

꼭

알아둡시다

1. 두 개의 차원을 나타내는 표를 만들 때는 가로에 한 개의 차원을 쓰고, 세로에 또 한 개의 차원을 기록합니다.

2. 어떤 물건을 산 것을 O로 표시하는 것도 중요하지만 사지 않은 물건을 X표로 나타내는 것은 문제를 해결하는 데 매우 도움이 됩니다.

고려할 차원이 3개인 경우

진리표의 모양은 변하게 됩니다.

처음에는 어려워 보여도, 차근차근 풀어 나가다 보면

표를 이용해서 문제를 해결할 수 있을 것입니다.

차원이
3개인
진리표 만들기

9교시 학습 목표

1. 치원이 3개인 문제의 진리표를 만들 수 있습니다.

2. 차원이 3개인 문제를 진리표를 이용하여 해결할 수 있습니다.

미리 알면 좋아요

1. **가정** 논리를 진행시키기 위해 어떤 조건을 임시로 설정하는 것을 말합니다.

2. **집합** 주어진 조건에 의하여 그 대상을 분명히 알 수 있는 것들의 모임입니다.

문제

병준, 미라, 재석, 민순 네 사람의 성은 가나다순으로 '강', '안', '이', '정'입니다. 4명이 달리기를 하였습니다. 다음을 보고 각자의 이름과 성과, 등수를 맞게 말해 보세요.

- 강 양은 "내가 쓰러지지 않았으면……." 하고 아쉬워했다.
- 재석이는 성이 '안'인 사람보다 빠르지만, 미라보다는 늦다.
- 자기 딸이 1등을 했다고 아버지 이씨는 매우 기뻐하였다.
- 민순이는 성이 '정'인 사람보다 떨어졌다.
- 병준이는 꼴찌가 아니다.
- 미라와 민순이만 여자이다.

이번에는 각각의 이름과 성 그리고 개개인의 등수를 알아맞히는, 즉 차원이 3개인 문제를 해결해 보겠습니다. 'ㄱ자 모양'의 매트릭스 표를 이용하여 주어지지 않은 조건까지 찾아가며 문제를 해결하는 과정을 소개하려고 합니다. 이를 위해 몇 가지 개념에 대한 소개가 필요합니다.

먼저 **가정**은 가설이라고도 합니다. 명제는 'A이면, B이다'의 꼴로 나타낼 수 있는데, 여기서 A의 부분을 가정, B의 부분을 결론 또는 종결이라고 합니다. 이를테면, 'a=b이면, $a^2=b^2$이다'라는 명제에서 a=b는 가정이고, $a^2=b^2$은 결론인 것입니다.

다음으로 **집합**을 설명해 드리겠습니다. 《칸토어가 만든 집합》을 읽어 보셨다면 쉽게 이해할 수 있을 것입니다. 이를테면 '우리 반 학생의 모임', '5보다 크고, 10보다 작은 자연수의 모임'과 같이 어떤 조건에 따라 확실히 결정되는 요소의 모임을 말하며, 그 요소를 집합의 원소라고 합니다. 즉 집합에 속하는 원소는 구체적인 사물 또는 추상적으로 생각된 것이라도 무방합니다. 다만 그 조건이 명확히 규정되어야 하며, 구체적으로는 다음의 두 조건을 만족시키는 모임을 말합니다.

첫 번째로 어떤 원소가 그 집합에 들어 있는지, 들어 있지 않은지를 식별할 수 있어야 합니다.

두 번째로 그 집합에서 두 원소를 취했을 때 그 두 원소가 서로 같은지, 같지 않은지를 구별할 수 있어야 합니다. 예컨대, '큰 수의 모임'이라든가 '착한 사람들의 모임'은 집합이 될 수 없는 것입니다. 큰 수나 착한 사람들은 각자의 기준이 모두 다르기 때문입니다.

이제 앞의 문제를 해결해 봅시다.

위의 문제는 몇 개의 차원을 다루고 있습니까?

이름과 성과 달리기 순위, 세 개의 차원을 구하는 문제입니다. 예를 들어, 병준이의 성은 무엇이고 달리기에서는 몇 등을 하였는지를 구하는 경우입니다.

3개의 차원을 나타내는 표는 어떻게 만드는 것이 좋을까요?

다음과 같이 만들면 어떻겠습니까?

	병준	미라	재석	민순	1등	2등	3등	4등
강								
안								
이								
정								

위의 표는 세 가지 차원을 잘 활용한 것으로 보입니다.

그런데 어떤 문제점이 있나요?

가장 큰 단점은 예를 들어, 강씨 성을 가진 사람이 달리기에서 몇 등을 했는지는 알 수 있으나, 병준이가 몇 등을 했는지는 알 수 없다는 것입니다. 따라서 누가 병준, 미라, 재석, 민순 달리기에서 몇 등을 했는지 알 수 있는 표를 하나 더 만들어야 합니다. 이 표를 하나 더 만들어 붙이면 다음과 같이 됩니다.

	병준	미라	재석	민순	1등	2등	3등	4등
강								
안								
이								
정								
1등								
2등								
3등								
4등								

자, 이제 표를 만들었으니 문제를 해결해 보도록 합시다. 먼저 첫 번째 조건을 살펴봅시다.

강 양은 "내가 쓰러지지 않았다면……." 하고 아쉬워했다.

위의 문장에서 알 수 있는 사실은 무엇입니까? 강 양은 달리기에서 1등을 하지 못했다는 사실입니다. 그렇다면 강 양은 4등을 했다는 말입니까? 아닙니다. 강 양은 1등을 하진 못했지만 아직 몇 등을 했는지는 모릅니다. 여기까지 알아낸 사실을 진리표에 나타내면 다음과 같습니다.

	병준	미라	재석	민순	1등	2등	3등	4등
강					✕			
안								
이								
정								
1등								
2등								
3등								
4등								

두 번째 조건을 살펴봅시다.

재석이는 성이 '안'인 사람보다 빠르지만 미라보다 늦다.

위의 진술에서 알 수 있는 사실은 무엇입니까?

재석이는 성이 '안'이 아니라는 것과 재석이의 달리기 시합에서의 등수는 1등과 4등은 아니라는 것입니다. 따라서 재석이는 달리기 시합에서 2등이나 3등을 했다는 것을 알 수 있습니다.

또 알 수 있는 내용은 없나요?

있습니다. 미라는 앞의 달리기 시합에서 4등을 하지 않았다는 것입니다. 그리고 미라의 성도 안씨가 아니라는 사실을 알 수 있습니다.

더 이상 알 수 있는 내용은 없나요?

있습니다. 안씨 성을 가진 사람은 달리기 시합에서 1등을 하지 못했습니다. 그리고 재석이보다 느리므로 2등도 할 수 없습니다.

이것을 진리표에 나타내면 다음과 같습니다.

	병준	미라	재석	민순	1등	2등	3등	4등
강					×			
안		×	×		×	×		
이								
정								
1등			×					
2등								
3등								
4등		×	×					

세 번째 조건을 살펴봅시다.

자기 딸이 1등을 했다고 아버지 이씨는 매우 기뻐하였습니다.

위의 진술에서 알 수 있는 사실은 무엇입니까?

달리기 시합에서 1등을 한 사람은 이씨입니다. 왜냐하면 아버지와 딸은 성이 같기 때문입니다. 그런데 마지막 조건에서 미라와 민순이가 여자라고 했으므로 이씨 성을 가진

----- 천재들이 만든 수학퍼즐 · 09

사람은 병준이와 재석이는 아닙니다.

이것을 진리표에 나타내면 다음과 같습니다.

	병준	미라	재석	민순	1등	2등	3등	4등
강					×			
안		×	×		×	×		
이	×		×		○	×	×	×
정					×			
1등			×					
2등								
3등								
4등		×	×					

네 번째 조건을 살펴봅시다.

민순이는 성이 '정'인 사람보다 떨어졌다.

위의 진술에서 알 수 있는 사실은 무엇입니까?

민순이는 달리기 시합에서 1등을 하지 못했다는 사실입니다.

또 알 수 있는 내용은 무엇입니까?

민순이가 1등을 하지 못했으므로 민순이는 이씨가 아닙니다. 따라서 이씨 성을 가진 사람은 미라입니다. 결과적으로 이미라가 1등을 한 것입니다. 이것을 진리표에 나타내면 다음과 같습니다.

	병준	미라	재석	민순	1등	2등	3등	4등
강		×			×			
안		×	×		×	×		
이	×	○	×	×	○	×	×	×
정		×			×			
1등	×	○	×	×				
2등		×						
3등		×						
4등		×	×					

마지막으로 다섯 번째 조건을 살펴봅시다.

병준이는 꼴찌가 아니다.

우선 병준이가 꼴지가 아닌 사실을 표에 나타내면 꼴찌4
등는 민순이로 결정됨을 알 수 있습니다. 그런데 어찌 된 셈
인지 마지막 조건까지 모두 살펴보았는데도 문제가 해결되
지 않았습니다. 어쨌든 여기까지 해결된 것을 진리표에 모
두 나타내면 다음과 같습니다.

	병준	미라	재석	민순	1등	2등	3등	4등
강		×			×			
안		×	×		×	×		
이	×	○	×	×	○	×	×	×
정		×			×			
1등	×	○	×	×				
2등		×		×				
3등		×		×				
4등	×	×	×	○				

마지막 조건까지 모두 살펴보았는데도 문제가 해결되지
않는다면 어떻게 해야 할까요? 처음 조건부터 다시 자세히

살펴볼 필요가 있습니다.

우선 첫 번째 조건을 다시 살펴봅시다.

강 양은 "내가 쓰러지지 않았다면……." 하고 아쉬워했다.

위의 조건에서 빠뜨린 것은 없습니까?

있습니다. 바로 '강 양'입니다. 즉 '강 양'이란 강씨 성을 가진 사람이 바로 여자라는 사실입니다. 그렇다면 강씨 성을 가진 사람은 민순이입니다. 즉 강민순이라는 사실을 알 수 있습니다. 민순이가 달리기에서 4등을 했으므로 강씨도 4등을 한 셈이지요. 이것을 다시 진리표에 나타내면 다음과 같습니다.

	병준	미라	재석	민순	1등	2등	3등	4등
강	×	×	×	○	×	×	×	○
안		×	×	×	×	×		×
이	×	○	×	×	○	×	×	×
정		×		×	×			×
1등	×	○	×	×				
2등		×		×				
3등		×		×				
4등	×	×	×	○				

그런데 위의 표를 자세히 보면 병준이의 성이 '안'이라는 사실을 자연스럽게 알 수 있습니다. 또 안병준이가 3등이라는 사실도 알 수 있습니다.

이것을 진리표에 나타내면 다음과 같습니다.

	병준	미라	재석	민순	1등	2등	3등	4등
강	×	×	×	○	×	×	×	○
안	○	×	×	×	×	×	○	×
이	×	○	×	×	○	×	×	×
정	×	×		×	×		×	×
1등	×	○	×	×				
2등	×	×		×				
3등	○	×	×	×				
4등	×	×	×	○				

따라서 재석이의 성은 '정'이며 정재석이가 달리기 시합에서 2등을 했다는 사실이 자연스럽게 결정됩니다. 결론적으로 아래와 같이 등수를 결정할 수 있습니다.

1등 – 이미라

2등 – 정재석

3등 – 안병준

4등 – 강민순

1. 차원이 3개인 문제에서 표는 세 개의 표를 ' $\ulcorner$ '자 모양으로 만드는 것이 좋습니다.

2. 모든 조건을 다 사용했는데도 문제가 해결되지 않으면 주어진 조건을 처음부터 다시 살펴보아야 합니다.

주어진 조건에서 거짓말을 구분하는

문제가 있을 때에도,

표를 그려서 답을 구할 수 있습니다.

여기에서도 참과 거짓과의 관계를 표로 만든

진리표를 사용합니다.

거짓말 논리를
표를 만들어
해결하기

10교시 학습 목표

1. 거짓말 논리를 표를 만들어 해결할 수 있습니다.
2. 참과 거짓만을 따지는 논리적인 차원을 다룰 수 있습니다.

미리 알면 좋아요

1. **논리** 의견이나 사고생각, 추리 등을 끌고 나가는 문장이나 말입니다. 예를 들어 앞뒤가 맞지 않는 문장을 '논리를 무시한 글'이라고 합니다.

2. **수학** 영어로 mathematics라고 합니다. 이 단어는 피타고라스가 만든 단어로 그리스 시대에는 '배우고 싶은 것'이라는 의미로 사용되었습니다.

10교시

문제

1 어떤 거짓말쟁이들의 모임이 있습니다. 이 모임의 회원들은 결코 참말을 하지 않을 것을 맹세했습니다.

어느 날 레스토랑 테이블에 남자 3명, 여자 3명의 거짓말쟁이 회원들이 앉았습니다. 이들은 곧 결혼을 할 3쌍의 예비부부라고 합니다. 그러나 누가 누구와 결혼하는지 알 수가 없습니다. 이들 중 남자는 경호, 종철, 명훈이고 여자는 경희, 영진, 미란이입니다.

경호 : 나는 경희와 결혼할 것입니다.

경희 : 나의 남편감은 명훈이입니다.

명훈 : 나는 미란이와 결혼할 예정입니다.

과연 누가 누구와 결혼하게 될까요?

② 어느 학교에서 수학 시험을 봤는데 선진, 미영, 해원, 지영, 경수, 창훈, 성만, 성훈이가 1등부터 8등까지를 했습니다. 다음의 사람들이 말한 것 중 세 사람이 말한 것만 맞습니다. 1등은 누구입니까?

선진 : 창훈이 또는 성훈이가 1등을 하였습니다.

미영 : 제가 1등입니다.

혜원 : 성만이가 1등입니다.

지영 : 미영이는 1등이 아닙니다.

경수 : 선진이가 틀리게 말했습니다.

창훈 : 저는 1등이 아니고, 성훈이도 1등이 아닙니다.

성만 : 혜원이는 1등이 아닙니다.

성훈 : 선진이의 추측이 맞습니다.

옛날 중국과 우리나라에서는 모든 것을 음과 양으로 나누어서 따지는 경향이 강했으며, 지금도 그 전통이 생활 속에 살아 있습니다. 음양사상이란 태양과 달, 남자와 여자, 홀수와 짝수…… 와 같이 세상의 모든 것을 음과 양으로 분류해서 생각하는 태도를 말합니다.

이러한 사상은 유럽에 전해졌으며 위대한 철학자, 과학자 중에도 음양사상의 영향을 받은 사람이 적지 않았습니다. 그 중에 대표적인 사람이 바로 2진법을 발명한 **라이프니츠**Gottfried Wilhelm von Leibniz, 1646~1716입니다.

2진법이란 0과 1의 두 숫자만으로 만들어진 수이며, 컴퓨터의 수학적 구조를 이루고 있습니다. 이러한 2진법의 논리를 정수에 국한시켜 보면 모든 정수는 짝수와 홀수로 나누어 생각할 수 있습니다. 여기서 짝수의 대표로 0, 홀수의 대표로 1을 뽑아 씁니다. 이 두 수 사이의 덧셈과 곱셈을 구하고 다음의 표와 같이 나타낼 수 있습니다.

+	0	1		×	0	1
0	0	1		0	0	0
1	1	2		1	0	1

위의 표에서 나타나듯이 1+1=2의 경우를 제외하고는 모든 계산의 결과가 0 아니면 1입니다. 그러나 2도 짝수이기 때문에 이것을 짝수의 대표 0으로 바꾸면 1+1=2=0이

됩니다.

따라서 이 덧셈표도 다음과 같이 됨을 알 수 있습니다.

+	0	1
0	0	1
1	1	0

최초의 컴퓨터에서는 Yes에 1을, No에는 0을 대입시키고 앞에서 만든 표로 전기회로를 만들었습니다. 즉 모든 명제는 0과 1 또는 ○, ×로 나타낼 수 있으며, 이 이진법으로 컴퓨터의 시스템을 구성하는 방법을 사용했지요.

앞에서 제시한 문제 **1**은 진리표라는 또 다른 종류의 표를 만들어 문제를 해결할 수 있습니다. 진리표란 '대상에 대한 수'를 나타내는 것이 아니라 '대상들 사이의 관계'를 나타내는 표를 말합니다. 표를 이용하여 참과 거짓말을 따지는 '논리적인 차원'을 잘 다룬다면 다소 어려운 문제도 쉽게 해결할 수 있습니다.

이 문제는 3명의 남자와 3명의 여자가 누가 누구와 결혼할 것인지를 알아내는 문제이므로 표를 만들면 다음과 같이 됩니다.

	경호	종철	명훈
경희			
영진			
미란			

자, 이제 표를 만들었으니 문제를 해결해 봅시다.

첫 번째 진술을 살펴봅시다.

경호 : 나는 경희와 결혼할 것입니다.

위의 진술에서 알 수 있는 사실은 무엇입니까?

경호는 거짓말을 하고 있으므로 경호는 경희와 결혼하지 않을 것임을 알 수 있습니다. 따라서 이 사실을 진리표에 나타내면 다음과 같습니다.

	경호	종철	명훈
경희	×		
영진			
미란			

두 번째 진술을 살펴봅시다.

경희 : 나의 남편감은 명훈이입니다.

위의 진술에서 알 수 있는 사실은 경희는 명훈이와 결혼하지 않는다는 것입니다. 그리고 이 사실을 바탕으로 경희는 경호와도 명훈이와도 결혼하지 않을 것이기 때문에 종철이와 결혼한다는 것을 알 수 있습니다.

따라서 이것도 진리표에 나타내면 다음과 같습니다.

	경호	종철	명훈
경희	×	○	×
영진		×	
미란		×	

세 번째 진술을 살펴봅시다.

명훈 : 나는 미란이와 결혼할 예정입니다.

위의 진술에서 알 수 있는 사실은 무엇입니까?

명훈이도 역시 거짓말을 하고 있으므로 명훈이는 미란이와 결혼을 하지 않는다는 것입니다.

따라서 이것을 진리표에 나타내면 다음과 같습니다.

	경호	종철	명훈
경희	×	○	×
영진		×	
미란		×	×

위의 표에서 알 수 있는 것은 무엇인가요?

명훈이는 영진이와 결혼한다는 것입니다.

또 알 수 있는 사실이 있습니까?

경호는 미란이와 결혼한다는 것입니다.

이것을 진리표에 나타내면 다음과 같습니다.

	경호	종철	명훈
경희	×	○	×
영진	×	×	○
미란	○	×	×

따라서 결혼하는 쌍은 다음과 같습니다.

경호 – 미란

종철 – 경희

명훈 – 영진

문제 ②에서는 8명이 수학 시험을 봤는데 이들을 성적에 따라 1등부터 8등까지 구분했습니다. 그리고 이후의 진술 중 세 사람의 진술만이 진실이고 나머지 5명의 진술은 거짓이라고 한다면 1등을 한 사람은 누구인지 구하는 문제입니다.

먼저 첫 번째 진술을 한 선진이의 말을 참이라고 가정하고 성훈이가 1등이라면 다른 사람들의 진술은 어떠한지 표를 만들어 알아봅시다.

이름	참	거짓
선진	○	
미영		○
혜원		○
지영	○	
경수		○
창훈		○
성만	○	
성훈	○	

앞의 표에서 알 수 있듯이 성훈이가 1등이라면 선진, 지영, 성만, 성훈이 네 사람의 말이 참말이 되는데 세 사람만이 참말을 한다는 조건에 맞지 않으므로 성훈이는 1등이 아닙니다. 다음으로 창훈이가 1등이라면 다른 사람들의 진술은 어떠한지 표를 만들어 알아봅시다.

이름	참	거짓
선진	○	
미영		○
혜원		○
지영	○	
경수		○
창훈		○
성만	○	
성훈	○	

위의 표에서 알 수 있듯이 창훈이가 1등이라면 선진, 지영, 성만, 성훈이 네 사람의 말이 참말이 되는데 세 사람만이 참말을 한다는 조건에 맞지 않으므로 창훈이도 1등이 아닙니다. 이처럼 성훈이와 창훈이는 1등이 아니므로 이것을 표로 만들어 정리해 놓습니다.

이름	선진	미영	혜원	지영	경수	창훈	성만	성훈
1등						×		×

그리고 선진이의 진술과 성훈이의 진술이 서로 같습니다. 선진이의 말은 거짓이므로 성훈이의 말도 거짓입니다. 그리고 선진이의 진술과 성훈이의 진술이 거짓이므로 경수와 창훈이의 진술이 참입니다.

이것을 표로 나타내어 정리하면 다음과 같습니다.

이름	선진	미영	혜원	지영	경수	창훈	성만	성훈
참 또는 거짓	거짓				참	참		거짓

앞의 상황에서 미영이의 두 번째 진술이 참이라면 다음 사람들의 진술은 참인지 거짓인지 표를 만들어 알아봅시다.

이름	참	거짓
선진		○
미영	○	
혜원		○
지영		○
경수	○	
창훈	○	
성만	○	
성훈		○

위의 표에서 알 수 있듯이 미영이가 1등이라면 미영, 경수, 창훈, 성만 네 사람의 말이 참말이 됩니다. 이는 세 사람만이 사실을 말한다는 조건에 맞지 않으므로 미영이도 1등이 아닙니다.

이름	선진	미영	혜원	지영	경수	창훈	성만	성훈
1등		×				×		×

따라서 미영이의 말은 거짓이고 지영이의 말은 참이 됩니다.

그런데 조건에서 세 사람의 말만 참말이라고 했으므로 창훈, 경수, 지영을 제외한 다른 사람들의 말은 거짓입니다.

이름	선진	미영	혜원	지영	경수	창훈	성만	성훈
참 또는 거짓	거짓	거짓	거짓	참	참	참	거짓	거짓

그러므로 성만이의 말도 거짓이 되어 혜원이가 1등인 것입니다.

알아둡시다

1. 진리표란 '대상을 나타내는 수'가 아닌 '대상들 사이의 관계'를 나타내는 표를 말합니다.

2. 진술한 사람들의 말을 차례로 진실이라고 가정하면서 표를 만들어 가면 조건에 맞는 상황을 찾을 수 있습니다.

11 _{교시}

거꾸로
표 만들기

11교시 학습 목표

1. 결과를 미리 알려 주고 처음 상황을 알아내는 문제를 표 만들기로
   해결할 수 있습니다.

2. 처음에 바구니에 있던 귤의 개수를 구할 수 있습니다.

미리 알고 있으면 좋아요

1. **나눗셈** 일반적으로 어떤 수를 다른 수로 나누는 계산법입니다.

   나눗셈의 기호는 ÷인데, 이 기호는 분수에서 사용하는 '-'과

   비례에서 사용하는 ' : '가 합쳐진 것입니다.

   즉 $\frac{2}{3}$의 '-'과 2 : 3의 ' : '가 합쳐져서 '÷'이 된 것입니다.

2. **등호** 두 수 a와 b가 같다는 것을 등호=를 써서 a=b로 나타냅

   니다.

   영국의 수학자 레코드가 이 기호를 처음으로 쓰기 시작했으며,

   이것은 등호의 좌변과 우변이 같다는 뜻입니다.

문제

① 민성, 정환, 은진 세 사람이 다음과 같이 차례로 구슬을 주고받았습니다.

● 민성이는 가지고 있던 구슬의 $\frac{1}{4}$을 정환이에게 주었다.

● 정환이는 가지고 있던 구슬의 $\frac{1}{3}$을 은진이에게 주었다.

● 은진이는 가지고 있던 구슬 중에서 12개를 민성이에게 주었다.

마지막에 세 사람이 가진 구슬이 똑같이 36개씩이라면 처음 세 사람이 가지고 있던 구슬은 각각 몇 개씩이었는지 구하시오.

② 48개의 귤을 개수가 서로 다르게 3개의 바구니에 넣었습니다. 첫 번째 바구니에서 두 번째 바구니에 있는 개수만큼의 귤을 두 번째 바구니로 옮기고, 두 번째 바구니에서 세 번째 바구니에 있는 개수만큼의 귤을 세 번째 바구니로 옮기고, 세 번째 바구니에서 첫 번째 바구니에 있는 개수만큼의 귤을 첫 번째 바구니로 옮겼더니 세 바구니의 귤의 개수가 같았습니다. 각각의 바구니에 있던 원래의 귤의 개수는 각각 몇 개인지 구하시오.

이번에는 결과가 이미 주어져 있고 처음의 상황을 묻는 문제입니다. 여기서는 주어진 결과를 바탕으로 거꾸로 표를 만들어 가면서 처음의 상황으로 접근해 가는 전략을 소개하고자 합니다.

이미 잘 알고 계시겠지만, 나눗셈이란 일반적으로 어떤 수를 다른 수로 나누는 계산법을 말합니다. 나눗셈의 기호는 ÷인데, 이 기호는 분수에서 사용하는 '−'과 비에서 사용하는 ' : '가 합쳐진 것입니다. 즉 $\frac{2}{3}$의 '−'과 2 : 3의 ' : '가

합쳐져서 '÷'이 된 것입니다. 그리고 두 수 a와 b가 같다는 것을 등호=를 써서 a=b로 나타냅니다. 등호는 식의 좌변과 우변이 같다는 뜻으로, 영국의 수학자 레코드가 이 기호를 처음으로 쓰기 시작했습니다.

문제 1은 결과를 미리 알려주고 처음 상황을 알아내는 문제입니다.

세 사람이 구슬을 주고받은 후 가지게 되는 구슬은 각각 몇 개씩이었나요?

세 사람이 똑같이 36개를 가지게 되었습니다.

이를 표로 나타내면 다음과 같습니다.

민성	정환	은진
36	36	36

민성이는 은진이에게서 12개의 구슬을 받아서 36개가 되었습니다. 은진이가 12개의 구슬을 주기 전의 상황을 표에 나타내면 다음과 같습니다.

민성	정환	은진
36	36	36
24	36	48

그리고 정환이는 은진이에게 자신이 가지고 있던 구슬의 $\frac{1}{3}$을 주고 자신은 처음 구슬의 $\frac{2}{3}$만 가지고 있는 셈입니다. 따라서 원래 정환이가 가지고 있던 구슬은 36÷2=18, 18×3=54개가 되므로 이것을 표에 나타내면 다음과 같습니다.

민성	정환	은진
36	36	36
24	36	48
24	54	30

마지막으로 민성이는 자신의 구슬 중 $\frac{1}{4}$을 정환이에게 주고 처음의 $\frac{3}{4}$만큼을 가지고 있기 때문에 원래 민성이가 가지고 있던 구슬은 24÷3×4=32개가 됨을 알 수 있습니다.

이것을 표로 나타내면 다음과 같습니다.

민성	정환	은진
36	36	36
24	36	48
24	54	30
32	46	30

따라서 처음에 세 사람이 가지고 있던 구슬의 개수는 민성이가 32개, 정환이가 46개, 은진이가 30개입니다.

문제 ②도 결과를 먼저 알려 주고 처음 바구니에 있던 귤의 개수를 묻는 문제입니다.

그렇다면 마지막으로 귤을 옮긴 후 각각의 바구니에는

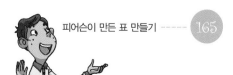

귤이 몇 개씩 들어 있는 셈입니까? 48개의 귤이 세 바구니에 똑같이 담겨 있으므로 한 바구니에는 48÷3=16개씩이 들어 있습니다. 이것을 표로 나타내면 다음과 같습니다.

바구니 순서	첫 번째	두 번째	세 번째
귤의 개수	16	16	16

세 번째 바구니에서 첫 번째 바구니로 몇 개를 옮겼습니까?

– 첫 번째 바구니에 있던 귤의 개수만큼 옮겼습니다.

그렇다면 첫 번째 바구니에는 몇 개가 있었습니까?

– 16개의 절반인 8개가 있었습니다.

세 번째 바구니에는 처음에 몇 개가 있었습니까?

– 16+8=24. 24개가 있었습니다.

이것을 표로 나타내면 다음과 같습니다.

바구니 순서	첫 번째	두 번째	세 번째
귤의 개수	8	16	24

두 번째 바구니에서 세 번째 바구니로는 몇 개를 옮겼습니까?

- 세 번째 바구니에 있던 귤의 개수만큼 옮겼습니다.

그렇다면 세 번째 바구니에는 몇 개가 있었습니까?

- 24개의 절반인 12개가 있었습니다.

그러면 두 번째 바구니에는 몇 개가 있었습니까?

- 16+12=28개가 있었습니다.

이것을 표로 나타내면 다음과 같습니다.

바구니 순서	첫 번째	두 번째	세 번째
귤의 개수	8	28	12

첫 번째 바구니에서 두 번째 바구니로는 몇 개를 옮겼습니까?

— 두 번째 바구니에 있던 귤의 개수만큼 옮겼습니다.

그렇다면 두 번째 바구니에는 몇 개가 있었습니까?

— 28개의 절반인 14개가 있었습니다.

그러면 첫 번째 바구니에는 몇 개가 있었습니까?

— 8+14=22개 입니다.

이것을 표로 나타내면 다음과 같습니다.

바구니 순서	첫 번째	두 번째	세 번째
귤의 개수	22	14	12

따라서 각각의 바구니에 있던 원래의 귤의 개수는

첫 번째 바구니 : 22개

두 번째 바구니 : 14개

세 번째 바구니 : 12개입니다.

꼭 알아둡시다

1. 거꾸로 푸는 문제는 최종적인 결과를 먼저 확인한 후에, 처음 결과를 만든 바로 이전의 행위 순으로 역추적하면 풀 수 있습니다.

2. 마지막으로 귤을 옮긴 후 각각의 바구니에는 똑같은 개수의 귤이 담겨 있으므로 이것을 표로 만든 후 거꾸로 풀면서 표를 완성해 나가면 문제는 해결됩니다.